Contents

虚拟现实概论

目 录

第 1 章 虚拟现实认知

第 2 章 虚拟现实的产品认知

第 4 章 虚拟现实的关键技术

第 5 章 增强现实

第 6 章 混合现实

第 1 章
虚拟现实认知

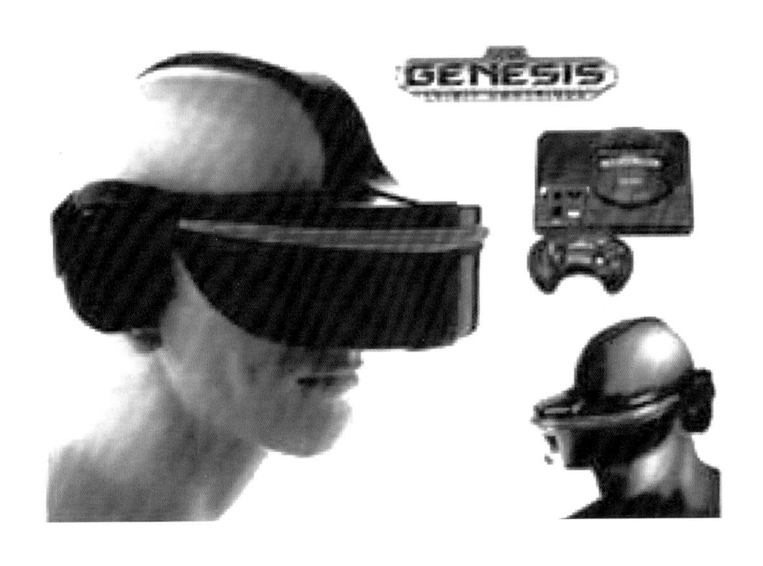

FaceBook 创始人扎克伯格认为，VR将是下一代最主流的计算机平台。他在收购Oculus后的公开信中写道：“这是一个新的交流平台，由于存在极度真实的体验感，你与周围的人可以就无尽的空间和真情实感进行分享。”

苹果CEO库克在2016年年初发布2016年第一季度财报时谈到VR问题，他说：“我不认为VR是一个小众的技术。我认为，它会变得非常酷，并拥有一些有趣的应用。”

阿里巴巴CEO马云2016年7月5日正式宣布：VR+购物产品Buy+面世！阿里于2016年3月宣布成立VR实验室。该实验室专注于前沿科技产品的研究和场景探索。

小米CEO雷军认为，VR是跨时代的技术。2016年2月，小米探索实验室正式挂牌成立。首个科研项目便是目前已经相当火爆的VR项目。雷军表示，小米目前有团队正在研究VR，VR是跨时代技术，小米会积极参与到这个产业中。

腾讯CEO马化腾认为，颠覆微信的可能是VR。在2015年12月乌镇第二届世界互联网大会上，他在发言的结尾向所有人发问：“微信在这五年很成功，未来会有什么产品颠覆它呢？下一代信息终端会是什么？”随后，他自问自答道：“可能是VR。”

众多互联网企业家们都看好VR，那么VR是什么？它有什么特征？它是如何发展的？让我们一起带着这些问题，进入本章的学习。

人类社会自照相机和电视机问世以来，一直是以二维平面的方式在记录和显示人类生存的三维世界。从黑白电视到彩色电视，从阴极射线管显示器（CRT）到液晶显示器（LCD）和LED大屏幕，每一次技术变革都没有突破维度的限制。3D电影的出现，虽然使我们可以做到在特定条件下用夸张的方法放映三维影像，但与达到身临其境的效果还有相当大的差距。世界各国的科学家、工程师和创新创业者们，一直都在努力尝试打破这一困境，试图还原一个逼真的3D世界。

20世纪60年代起，科学家、创新创业者们开始研究各种能够展现三维世界真实风采的技术。通过大量的创新实践，人们逐渐把目光聚焦到虚拟现实技术。这种技术能够在一定程度上帮助人们实现体验未曾体验过的神秘世界的梦想，譬如潜入海底、太空漫步、登上月球、逃离密室等，如同身临其境一般。经过50多年的研发和探索，虚拟现实技术发展迅猛，而大量具有雄厚技术创新实力的跨国巨头资本力量的介入，则对推动虚拟现实技术的开发又起到了推波助澜的作用。

※ 1.1 虚拟现实的概念

提到虚拟现实，也许很多人对它并不是很了解，但是提起电影《黑客帝国》和《阿凡达》，人们对虚拟现实也许就有些许印象。如图1-1所示，在电影《黑客帝国》中，男一号、男二号等人物通过插管进入虚拟世界，在这个虚拟的世界中，主人公可以利用各种各样的炫酷技能，如意念控制，去开展拯救人类的任务。有时候，主人公自己都无法分清楚自己所处的世界是现实世界还是虚拟世界。在电影《阿凡达》中，男主角拥有控制潘多拉星人的机器，通过这台机器，人类可以控制外星人的意识，化身为外星人。在这两部电影中，主人公都是借助于外部机器的连接，进入虚拟的世界去实现自己的梦想。鉴于此，我们可以提炼出，虚拟技术主要是以连接为主。究竟人类的现实生活和虚拟世界的连接应该通过什么样的设备才能实现？这是虚拟现实技术要解决的问题。

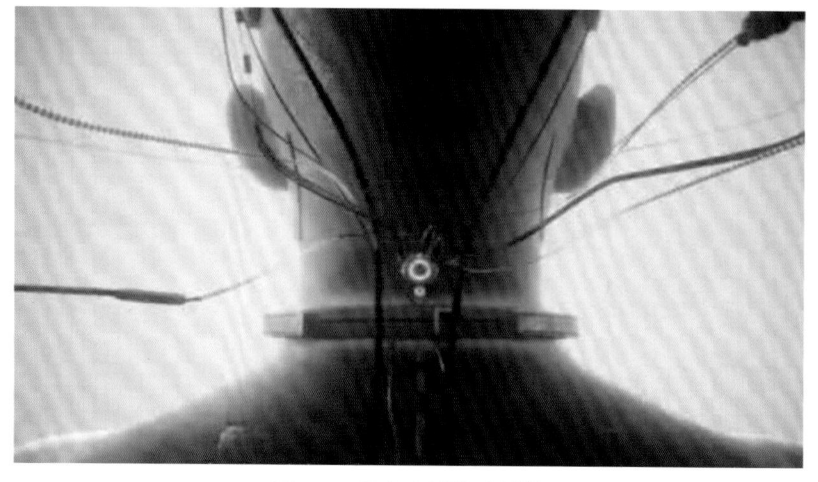

图1-1　黑客帝国脑后插管

2016年3月7日，第五届全球移动游戏大会GMGC2016在国家会议中心正式开幕。在展会现场的"VR互动体验区"人头攒动，有的人戴着头盔在体验进入虚拟三维空间的乐趣，有的人排着长队在等待体验。尽管队伍很长，人山人海，但是人们都乐此不疲，争先恐后地享受着VR给他们带来的乐趣。那么，什么是VR？

VR是虚拟现实（Virtual Reality）的简称，又称为"虚拟实在""虚拟实镜""灵镜""临镜""赛伯空间"等，原来是美国军方用于军事仿真上的一种计算机技术，一直在美国军方内部使用。一直到20世纪80年代末期，虚拟现实技术——这个集中体现了计算机技术、计算机图形学、多媒体技术、传感技术、显示技术、人体工程学、人机交互理论、人工智能等多个领域的最新成果才受到人们的极大关注。

关于虚拟现实的概念，目前尚无统一的标准，有多种不同的概念，主要分为狭义和广义两种。

狭义层面虚拟现实的定义，是指综合利用计算机系统和各种显示及控制等接口设备，在计算机上生成的可交互的三维环境中提供沉浸感觉的技术。由此，可以将虚拟现实看成是一种具有人机交互特征的人机交互方式，即可称为"基于自然的人机接口"。在此环境中人可以以与感受真实世界一样的方式来感受计算机生成的虚拟世界，并且有一种身临其境的感觉。即用户可以看到彩色的、立体的景象，可以听到虚拟环境中的声响，可以感受到虚拟环境反馈给用户的作用力。

广义层面虚拟现实的定义，是将虚拟现实看成对虚拟想象（三维可视化的）或真实三维世界的模拟。它不仅仅是人机接口，更主要的是利用计算机技术、传感与测量技术、仿真技术、微电子技术等现代技术手段构建一个模拟虚拟世界的内部，使某个特定环境真实再现后，用户通过接受和响应模拟环境的各种感官刺激，与虚拟世界中的人或物进行交互，进而产生身临其境的感觉。

由此可见，虚拟现实这一术语包含了三个方面的含义：①虚拟现实是一种基于计算机图形学的多视点、实时动态的三维环境，这个环境可以是现实世界的真实再现，也可以是超越现实的虚构世界；②用户可以通过人的视、听、触等多种感官，直接以人的自然技能和思维方式与所投入的环境交互；③在操作过程中，人是以一种实时数据源的形式沉浸在虚拟环境中的行为主体，而不仅仅是窗口外部的观察者。

※ 1.2 虚拟现实的特征

1993年，美国科学家Burdea G 和Philippe Coiffet在世界电子年会上发表了一篇题为"Virtual Reality System and Application"的文章。在文章中，他们提出了虚拟现实技术三角形，即"3I"特征：Immersion（沉浸感）、Interaction（交互性）、Imagination（构想性），如图1-2所示。

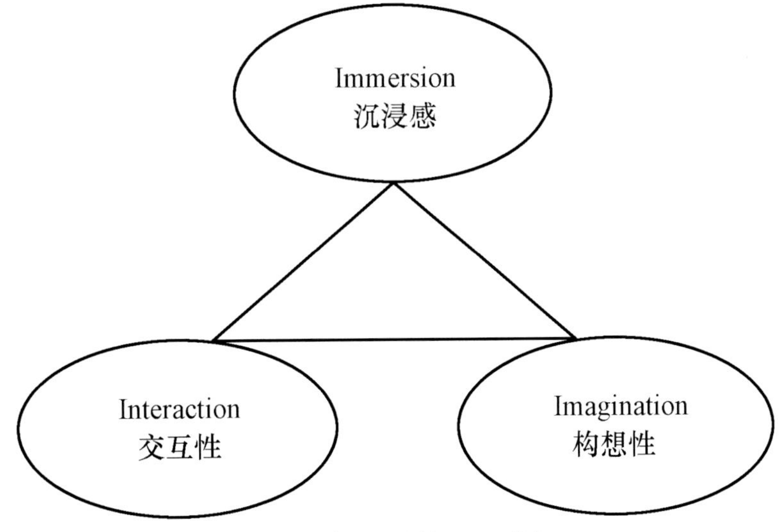

图1-2 虚拟现实的"3I"特征

1.2.1 沉浸感

沉浸感又称为临场感，是虚拟现实最重要的技术特征，是指用户借助交互设备和自身感知系统，沉浸于计算机生成的虚拟环境中。他会觉得自己是计算机系统所创建的虚拟世界的一部分，从而实现由被动的观察者到主动的参与者的转变，并且投入由计算机生成的虚拟场景中，参与虚拟世界的各种活动。理想的虚拟环境应该使用户真假难辨，在该环境中，一切看上去是真的，听上去是真的，动起来是真的，甚至闻起来、尝起来等一切感觉都是真的，如同在现实世界中一样。在现实世界中，人们通过眼睛、耳朵、鼻子、手指等器官来感知外部世界。所以，在理想状态下，虚拟现实技术应该具有一切人所具有的感知功能。即虚拟的沉浸感不仅通过人的视觉和听觉感知，还可以通过嗅觉和触觉等多维地去感受。由此，相应地提出了视觉沉浸、听觉沉浸、触觉沉浸、嗅觉沉浸、味觉沉浸等，这就对相关设备提出了相当高的要求。但鉴于目前科学技术的局限性，在虚拟现实系统中，研究与应用较为成熟的主要是视觉沉浸、听觉沉浸、触觉沉浸、嗅觉沉浸，有关味觉等其他的感知技术还在研究中，不成熟。譬如，使用者通过头盔显示器、数据手套或数据衣等交互设备，便可将自己置身于虚拟环境中，成为虚拟环境中的一员。使用者与虚拟环境中的各种对象的相互作用，就如同在现实世界中的一样。当使用者移动头部时，虚拟环境中的图像也实时地跟随变化，物体可以随着手势移动而运动，使用者还可以听到三维仿真声音。再如，用户在打球时，不仅能听到拍球时发出的“嘭嘭”声，还能感受到球对手的反作用力，即手上感到有一种受压迫的感觉。

1.2.2 交互性

交互性是指用户通过使用专门的输入和输出设备，使人类自然感知对虚拟环境内物体的可操作程度和从环境得到反馈的自然程度。这与传统的多媒体技术有所不同。在传统的多媒体技术中，人机之间主要是通过键盘与鼠标进行一维、二维的交互，而虚拟现实系统强调人与虚拟世界之间的交互是以自然的方式进行的，如同在真实世界中一样的感知，甚至连用户自己都感觉不到计算机的存在。用户可以利用计算机键盘、鼠标进行交互，还可以利用特殊头盔、数据手套等传感设备进行交互。计算机能根据用户的头、手、眼、语言及身体的运动，来调整系统呈现的图像及声音。譬如，头部转动后能立即在所显示的场景中产生相应的变化，用手移动虚拟世界中的一个物体，物体位置会随即发生相应的变化。用户可以通过自身的语言、身体运动或动作等自然技能，对虚拟环境中的任何对象进行观察或操作。譬如，你拿起虚拟环境中的一个篮球，你可以感受到球的重量，扔在地上还可以弹跳。

1.2.3 构想性

构想性是指通过用户沉浸在人类想象出来的“真实的”虚拟环境中，与虚拟环境进行了各种交互作用，从定性和定量综合集成的环境中得到感性和理性的认识，从而可以深化概念，萌发新意，产生认识上的飞跃。因此，虚拟现实不仅仅是一个用户与终端的接口，而且它还是为解决工程、医学、军事等方面的问题由开发者设计出来的应用系统。通常它以夸大的形式反映设计者的思想，可使用户沉浸于此环境中去认识世界。这种认识可以使人类突破时间、空间的限制去完成那些因为某些条件限制难以完成的事情。譬如，在建设一座大楼前，人们要绘制建筑设计图纸，但无法形象、直观地展示建筑物的更多信息。现在，设计师可以采用虚拟现实系统来进行仿真设计，能够真实地反映设计者的思想。因此，虚拟现实是启发人的创造性思维的活动。

※ 1.3 虚拟现实的发展史

虚拟现实技术不是突然出现的，它在进入民用领域之前，已经在军事、企业界及学术实验室进行了长时间的研制开发。虽然它在20世纪80年代后期才被世人关注，但早在20世纪50年代中期就有人提出这一设想。在电子技术还处于以真空电子管为基础的时候，美国电影摄影师Morton Heilig借助于电影技术，通过“拱廓体验”让观众经历了一次沿着美国曼哈顿的想象之旅，但由于缺乏相应的技术支持、缺乏硬件处理设备、找不到合适的传播载体等，直到20世纪80年代末，随着计算机技术的高速发展及Internet技术的普及，虚拟现实技术才得到广泛的应用。

虚拟现实技术的演变发展史大体上可分为四个阶段：有声、形、动态的模拟是蕴涵虚拟现实思想的第一阶段（1963年以前）、虚拟现实萌芽为第二阶段（1963—1972年）、虚拟现实概念的产生和理论初步形成为第三阶段（1973—1989年）、虚拟现实理论进一步的完善和应用为第四阶段（1990年至今）。

1.3.1 虚拟现实技术的前身

虚拟现实技术是一种有效地模拟生物在自然环境中的视、听、动等行为的交互技术，其概念是发展的和变化的。

虚拟现实技术与仿真技术的发展是息息相关的，它可追溯到中国古代（公元前468—前376 年）的战国时期，据《墨子•鲁问》篇记载，“公输般竹木为鹊，成而飞之，三日不下。”这段文字的意思是“公输班削竹木做成了一个喜鹊，让它飞上天空，三日不落”。这是有关中国古代人试验飞行器模型的最早记载。仿真技术正是VR技术的基础。

后来该技术传到西方，西方人称风筝为飞行器，利用风筝的原理发明了飞机。

具有27项专利的发明家Edwin A.Link于1929年发明了简单的机械飞行模拟器，在室内某一固定地点训练飞行员，使乘坐者感觉和坐在真实飞机上是一样的，使受训者可以通过模拟器学习飞行操作。

1956年，美国Morton Heilig受到了全息电影的启发，研制出一套称为Sensorama的仿真模拟器，如图1-3所示，并在1962年申请了专利。这可以说是世界上第一台VR设备。这台设备是模拟电子技术在娱乐方面的具体应用。它能生成立体的图像、立体的声音效果，并产生不同的气味，还能产生振动，甚至感觉有风吹过。但是这台设备观众只能观看不能改变所看到的和所感受到的世界，即缺乏交互操作功能。

图1-3 Sensorama立体电影系统

上述三种较典型的发明推动了仿真技术的发展，是虚拟现实技术的前身，蕴涵了虚拟现实的思想。仿真和计算机的发展促使了虚拟现实技术的萌芽。

1.3.2 虚拟现实技术的萌芽阶段

20世纪60— 70 年代初是虚拟现实思想萌芽阶段。

1961年，世界上第一款头戴显示器Headsight（图1-4）出现。它融合了CCTV监视系统及头部追踪功能，主要用于查看隐秘信息。

图1-4 Headsight头戴显示器

1965年，计算机图形学的奠基者美国科学家Ivan Sutherland教授在他的博士论文“the ultimate display”中对有关计算机图形交互系统方面作了论述，提出了感觉真实、交互真实的人机协作新理论。这是一种全新的、富有挑战性的图形显示技术。即使观察者不通过计算机窗口而是直接沉浸在计算机生成的虚拟世界中，随着头部的转动、身体的变动，观察相应变化的世界。与此同时，他还可以用手、脚等部位与虚拟世界进行交互，虚拟世界中随之会发生相应的反应，使观察者有身临其境的感觉。后来，这一理论被公认为虚拟现实技术的里程碑。Ivan Sutherland被人们称为“计算机图形学之父”的同时，也被人们称为“虚拟现实技术之父”。

1966年，最早的3D头戴设备之一GAF Viewmaster（图1-5）出现。它通过内置两块镜片进行幻灯片的观赏，有一定的3D效果，但不是专业的影音设备。人们对其后续版本加入了音频功能，简单的多媒体功能得以实现。

图1-5　GAF Viewmaster

1968年，Ivan Sutherland开发了头盔式立体显示器（Helmet Mounted Display，HMD）。这套设备配备了显示器和视角定位设备，当用户的头部位置发生改变时，吊臂的关节移动就传输到计算机中，计算机会更新显示的信息。但由于该设备过于沉重，人们只能把它悬挂吊装在天花板上，因此，这第一台头戴式显示器因此也赢得了一个绰号“Sword of Damocles”（达摩克利斯之剑），如图1-6、图1-7所示。

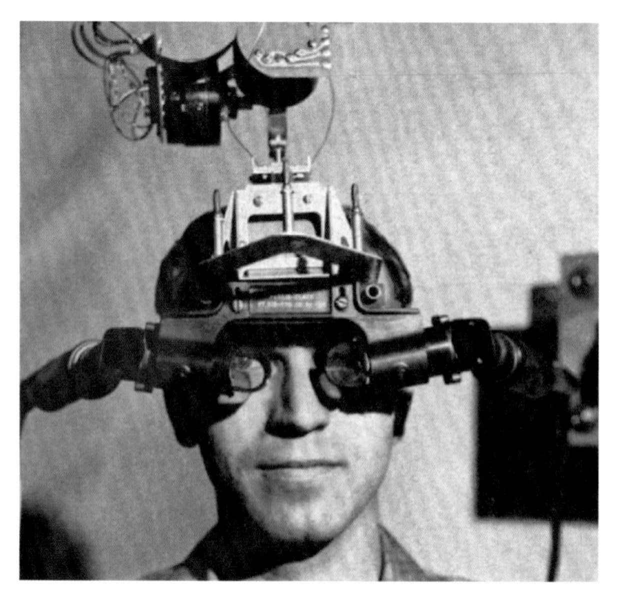

图1-6　Sword of Damocles

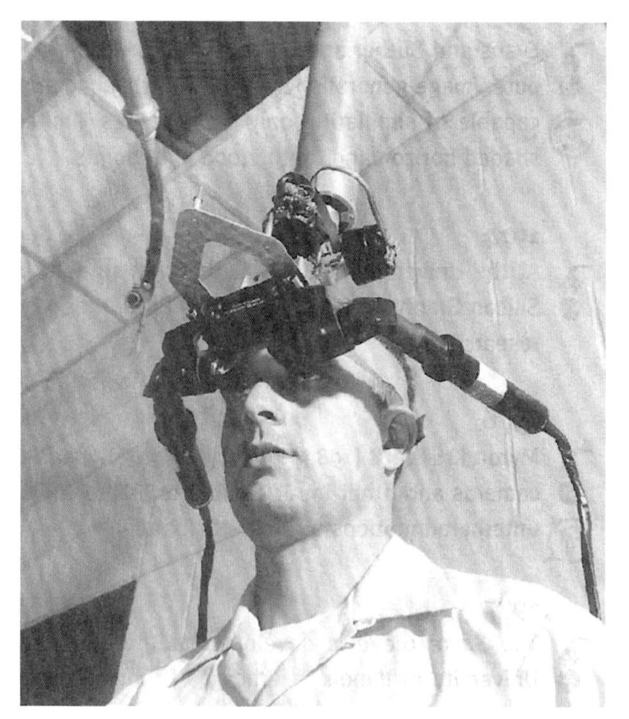

图1-7　Sword of Damocles

1.3.3　虚拟现实的概念和理论的初步形成

1973 — 1989 年为虚拟现实技术的第三阶段。

1973 年Myron Krurger 提出了“Artificial Reality”（人工现实），这是早期出现的虚拟现实词语。从字面上来看，它具有虚拟现实的含义。

1980年出现了可以连接计算机的摄像头，将数据叠加显示在眼前的Eye Tap（图1-8）。它与微软的Holo Lens非常相似，是一款严格意义上的增强现实设备，这对于虚拟现实技术的发展有一定的意义。

图1-8 Eye Tap

20世纪80年代初到中期，美国国家航空和宇宙航行局（NASA）及美国国防部开始研究外层空间环境。

1984年，NASA Ames研究中心虚拟行星探测实验室的 M.Mc Greevy和J.Humphries博士开发了虚拟环境视觉显示器用于火星探测，将探测器发回地面的数据输入计算机，构造了火星表面的三维虚拟环境。之后 NASA又投入了资金对虚拟现实技术进行研究和开发，像非接触式的跟踪器。

图1-9 RB2

同年，第一款商业虚拟现实设备RB2（图1-9）面世，其设计已经与目前的主流产品非常相似，可以通过配备的体感追踪手套实现操作。但在1984年，其高达50 000美元的售价被人们觉得是天价。

1985年以后，由于Fisher的加盟，他们在Jaron Lanier的接口程序上做了进一步研究。随后在虚拟交互环境工作站（VIEW）项目中，他们又开发了通用多传感个人仿真器等设备。

参加该项目的Warren Robinett设计了虚拟工作站，可以称得上是NASA’s虚拟现实项目的先驱。随后，美国的Stone和Hennequin共同发明了数据手套。第一个数据手套被NASA用于虚拟现实，由Warren Robinett构思和实现手套与虚拟世界的交互技术。可以说，手套、头盔是实现虚拟现实的硬件，交互式接口技术是实现虚拟现实的软件，如图1-10所示。

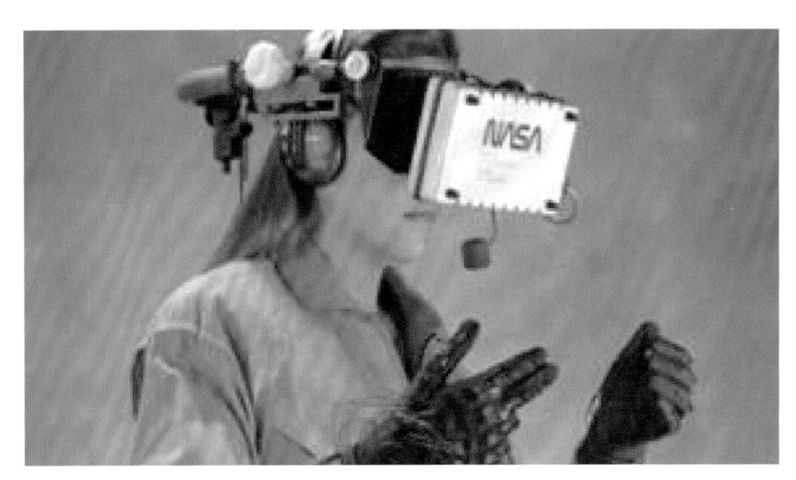

图1-10 NASA头戴显示器

1986年，Robinett与合作者Fisher，Scott S，James Humphries，Michael Mc Greevy发表了早期的虚拟现实系统方面的论文“The Virtual Environment Display System”，这是NASA工作站的成果之一。

1987年，杰伦•拉尼尔（Jaron Lanier）组装了一台虚拟现实头盔。这是第一款真正投放于市场的虚拟现实商业产品，价值10万美元。

1989年，Jaron Lanier提出用“Virtual Reality”来表示虚拟现实一词，并且把虚拟现实技术作为商品，推动了虚拟现实技术的发展和应用。

※ 1.4 虚拟现实理论的完善和全面应用

1990年至今为虚拟现实技术的第四阶段。

1992年，美国Sense8公司开发了“WTK”开发包，为虚拟现实技术提供更高层次上的应用。

1993年，著名游戏厂商世嘉曾计划发布基于其MD游戏机的虚拟现实头戴显示器，设备外观相当前卫，如图1-11所示。但是，在早期的非公开试玩测试中，由于测试者反应平淡，最终世嘉以“体验过于真实、担心玩家会受到伤害”为理由，取消了该项目。

图1-11 世嘉VR

1994年3月，在日内瓦召开的第一届WWW大会上，首次正式提出了VRML这个名字。后来又出现了大量的VR建模语言，如X3D、Java3D等。同年，BurdeaG和Coiffet出版了《虚拟现实技术》一书，在书中，他们描述了虚拟现实的三个基本特征：3I（Imagination，Interaction，Immersion）。这是对虚拟现实技术和理论的进一步完善。

1995年，一款“CAVE”虚拟现实系统被伊利诺伊大学的学生们研发出来。这款设备实现的沉浸式体验是建立在创建一个三壁式投影空间、配合立体液晶快门眼镜来实现的。这对推动现代虚拟现实的发展起了极大的作用。同年，任天堂发布32位游戏机Virtual Boy（图1-12）。这款游戏机的主机是一个头戴显示器，但只能显示红、黑两色。再加上受到当时技术的限制，游戏内容上以2D效果呈现，分辨率和刷新率较低，用户易产生眩晕和不适感。由此，任天堂的虚拟现实游戏计划在不到一年的时间内便宣告失败。

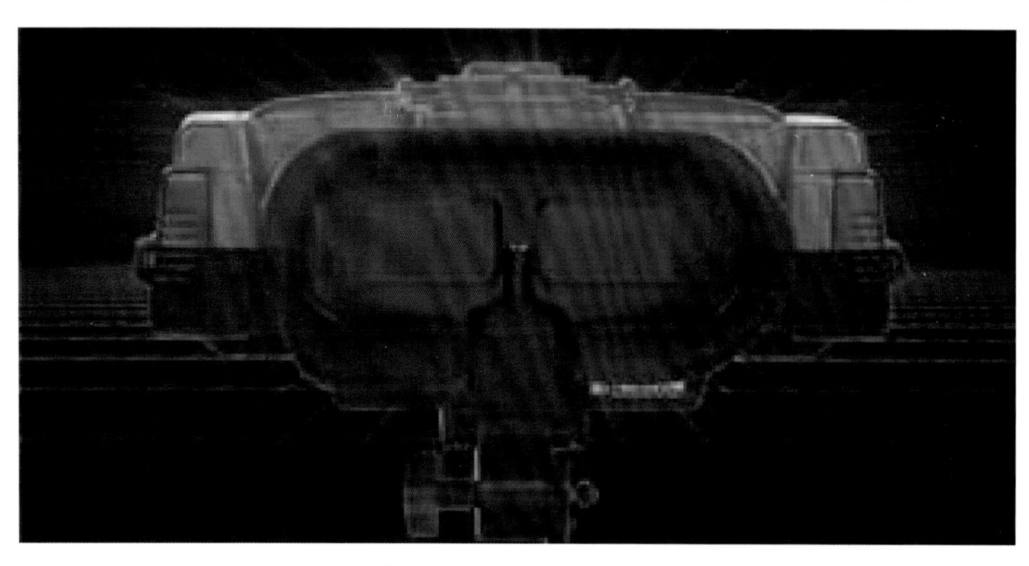

图1-12 任天堂Virtual Boy

1996年10月31日，世界上第一场虚拟现实技术博览会在伦敦开幕。这个博览会是由英国虚拟现实技术公司和英国《每日电讯》电子版联合举办的。人们在Internet上输入博览会的网址，即可进入展厅和会场等地浏览，在这个没有场地、没有工作人员、没有真实展品的虚拟博览会参观。同年12月，世界第一个虚拟现实环球网在英国投入运行。输入英国“超景”公司的网址后，“超级城市”的立体图像将呈现在显示器上，Internet的用户可在由一个立体虚拟现实世界组成的网络中遨游，可从“市中心”出发去虚拟超市、游艺室、图书馆和大学等场所参观。

2012年8月，成立仅两个月的Oculus团队在众筹网站kickstarter向世人展示未来虚拟现实头戴式设备的前景，如图1-13所示。他们推出的机型偏向于概念机，为其后来实体机的推出奠定了良好的基础。

图1-13 Oculus Rift

2014年，社交巨头Facebook以20亿美元收购了Oculus。Oculus正式于2016年1月开放消费者版预购，于3月在全球20多个国家和地区出货。同年，Google发布了Google Card Board。这款设备能让消费者以非常低廉的成本通过手机来体验虚拟现实世界。

※ 1.5 虚拟现实系统的分类

随着计算机技术、网络技术、人工智能等新技术的高速发展及应用，虚拟现实技术的发展也呈现出突飞猛进的态势并表现出多样性，其内涵也大大扩展。虚拟现实技术不仅包括了一切与其有关的具有自然交互、逼真体验的技术和方法，还包括了采用一系列昂贵设备的技术，如采用高档头盔式显示器、高档可视化工作站。

在实际应用中，虚拟现实系统根据用户“沉浸”程度的高低和交互程度的不同，一般分为桌面式虚拟现实系统（Desktop VR）、沉浸式虚拟现实系统（Immersion VR）、增强式虚拟现实系统（Augmented VR）和分布式虚拟现实系统（Distributed VR）4种模式。

1.5.1 桌面式虚拟现实系统

桌面式虚拟现实系统（Desktop VR）（图1-14）也称为窗口虚拟现实系统。其是利用个人计算机或初级工作站进行仿真，将计算机的屏幕作为用户观察虚拟世界的窗口。用户通过各种输入设备，如鼠标、追踪球、力矩球等便可与虚拟环境进行交互。

图1-14 桌面式虚拟现实系统

桌面式虚拟现实系统一般要求用户坐在显示器前，使用空间位置跟踪器和其他输入设备（如数据手套和6个自由度的三维空间鼠标），通过计算机屏幕观察360°范围内的虚拟世界。这种系统的优点是对硬件设备要求极低，有的简单型甚至只需要计算机，或是增加数据手套，实现成本相对较低，易于普及推广；其缺点是用户处于不完全沉浸的环境中，缺少完全沉浸、身临其境的感觉，即使戴上立体眼镜，用户仍然会受到周围环境的干扰。桌面式虚拟现实系统的体系结构如图1-15所示。

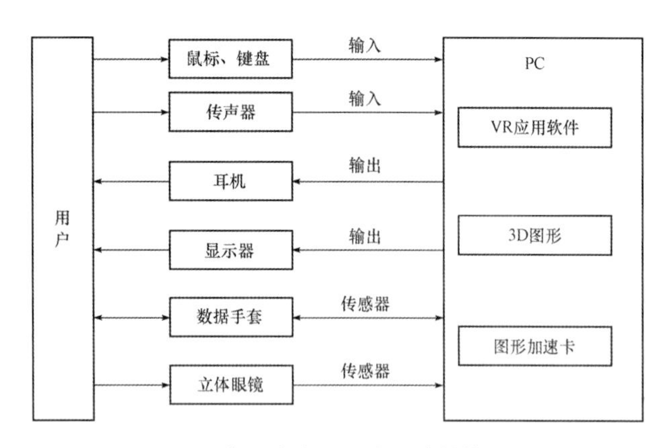

图1-15　桌面式虚拟现实系统的体系结构

常见的桌面式虚拟现实技术有基于静态图像的虚拟现实Quick Time VR（由苹果公司推出的快速虚拟系统，是采用360°全景拍摄来生成逼真的虚拟情景，用户在普通的计算机上，利用鼠标和键盘，就能真实地感受到所虚拟的情景）、虚拟现实造型语言（Virtual Reality Modeling Language，VRML）等。

桌面式虚拟现实系统虽然缺乏类似头盔显示器那样的沉浸效果，但它已经具备虚拟现实技术的要求，并兼有成本低、易于实现等特点，因此目前应用较为广泛。例如，想要出门旅游但苦于无时间出门的人们可以足不出户，利用桌面式虚拟现实系统便可浏览旅游景区的风光。

1.5.2　沉浸式虚拟现实系统

沉浸式虚拟现实系统（Immersion VR）是一种高级的、比较理想的虚拟现实系统。它给用户提供的是一个完全沉浸的体验。这种系统让用户戴上头盔、数据手套等传感跟踪装置，令用户的视觉、听觉与外界隔离，从而排除外界干扰，与虚拟世界进行交互，全身心地投入虚拟现实中去。这种系统的优点是具有高度实时性能，能达到与真实世界相同的感觉，还能够通过多种输入与输出设备营造出一个虚拟的世界，使用户沉浸其中，与真实世界完全隔离，不受外面真实世界的影响；其缺点是系统设备价格昂贵，难以普及推广。

常见的沉浸式系统有基于头盔式显示器的系统和投影式虚拟现实系统。沉浸式虚拟现实系统如图1-16所示。沉浸式虚拟现实系统的体系结构如图1-17所示。

图1-16　沉浸式虚拟现实系统

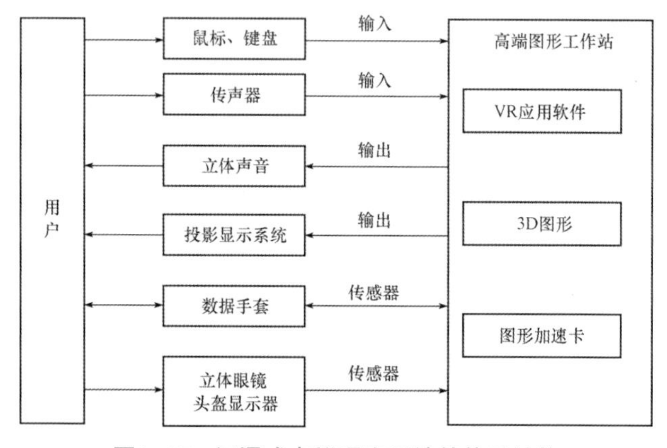

图1-17　沉浸式虚拟现实系统的体系结构

1. 沉浸式虚拟现实系统的特点

（1）高度的实时性。在沉浸式虚拟现实系统中，系统的高度实时性是用户要达到与真实世界相同的感觉的前提。当用户转动头部，改变观察点时，跟踪器必须及时监测到，送入计算机处理，快速生成相应场景。在这个过程中，要求系统较小延迟，使场景能平滑地连续显示，包括传感器延迟和计算延迟。

（2）高度沉浸感。沉浸式虚拟现实系统通过多种输入与输出设备营造了一个“看起来像真的、摸起来像真的、听起来像真的、嗅起来像真的、尝起来像真的”多感官的三维虚拟世界。在这个世界中，用户和真实世界完全隔离，完全沉浸在虚拟环境里。

（3）并行处理能力。用户要实现的沉浸感，必须建立在多个设备综合应用的基础上。如手指指向一个方向，需要3个设备：头部追踪器、数据手套及语音识别器的同步工作。

（4）良好的系统整合性。在虚拟环境中，为了让用户产生全方位的沉浸，必须借助硬件设备与软件协调一致地工作，互相作用，构成一个虚拟现实系统。

2. 沉浸式虚拟现实系统的类型

（1）头盔式虚拟现实系统（图1-18）。该系统是采用头盔显示器实现单用户的立体视觉、听觉输出，使用户完全沉浸在场景中。它把现实世界与虚拟世界彻底隔离，使用户的听觉、视觉都能投入虚拟环境中。

图1-18 头盔式虚拟现实系统

（2）洞穴式虚拟现实系统（图1-19）。该系统所处的环境是基于多通道视景同步技术和立体显示技术的空间里的投影可视协同环境，可供多人参与，而且所有参与者均沉浸在一个被立体投影画面包围的虚拟仿真环境中。参与者借助相应的虚拟现实交互设备，可获得身临其境和6个自由度的交互感受。

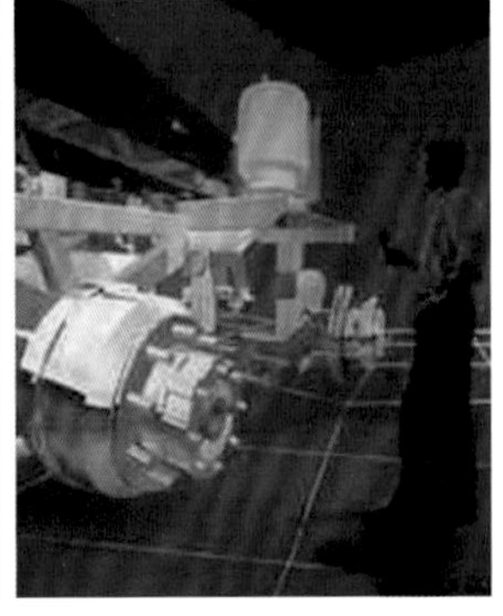

图1-19 洞穴式虚拟现实系统

（3）座舱式虚拟现实系统（图1-20）。该系统是一个安装在运动平台上的飞机模拟座舱，用户坐在座舱内，通过操纵和显示仪表完成飞行、驾驶等操作。用户可以从“窗口”观察到外部景物的变化，感受到座舱的旋转和倾斜运动，置身于一个能产生真实感受的虚拟世界里。目前，该系统主要用于飞行和车辆驾驶模拟。

图1-20 座舱式虚拟现实系统

（4）投影式虚拟现实系统（图1-21）。该系统通过一个或多个大屏幕投影能实现大画面的立体视觉和视听效果，从而使多个用户同时产生完全投入的感觉。

图1-21 投影式虚拟现实系统

（5）远程存在系统。用户可以借助计算机和网络获得感觉现实和交互反馈，犹如身临其境一般，并可以对现场进行遥控操作。

1.5.3 增强式虚拟现实系统

沉浸式虚拟现实系统强调人的沉浸感，人处于虚拟世界中，与现实世界相隔离，听不到真实世界的声音，也看不到真实世界的事物。而在增强式虚拟现实系统（Augmented VR）中，既可以让用户看到真实世界，也可以让用户看到叠加在真实世界上的虚拟事物。该系统将真实环境和虚拟环境组合在一起，可以减少构成复杂真实环境的开销（由于虚拟环境取代了部分真实环境），又可以对实际物体进行操作（因为虚拟世界中有部分物体是真实的）。通过虚拟现实技术来模拟现实世界，仿真现实世界，借此增强参与者对真实环境的感受，也就是现实中无法感知或感受不到的东西。由此，总结出增强式虚拟现实系统的特征是：真实世界和虚拟世界融为一体，有实时人机交互功能，在三维空间中将真实世界和虚拟世界整合在一起，用户可以同时与真实世界和虚拟世界交互。

常见的增强式虚拟现实系统（Augmented VR）主要包括台式图形显示器系统、基于单眼显示器系统、基于光学透视式头盔显示器系统和基于透视式头盔显示器系统。

目前，增强式虚拟现实系统常用于医学可视化、军用飞机导航、设备维护与修理、娱乐、文物古迹的复原等。其典型实例是工程技术人员在进行机械安装、维修、调试时，可以通过头盔显示器将原来不能呈现的机器内部结构以及它的相关信息、数据完全呈现出来，并按照计算机提示进行操作。战斗机飞行员的平视显示器可以将仪表读数和武器瞄准数据，呈现到飞行员面前的穿透式屏幕上，使飞行员不必低头读座舱中仪表的数据，从而可集中精力盯着敌人的飞机。

1.5.4 分布式虚拟现实系统

分布式虚拟现实系统（Distributed VR）（图1-22）是虚拟现实技术和网络技术发展结合的产物。该系统是基于网络，将异地的不同用户连接起来，共享一个虚拟空间，多个用户通过网络对同一虚拟世界进行观察和操作，达到共享信息、协同工作的目的。如异地的医科学生，可以通过网络，对虚拟手术室中的病人进行外科手术。

图1-22 分布式虚拟现实系统

1. 分布式虚拟现实系统具有的特征

（1）各用户具有共享的虚拟工作空间。

（2）伪实体的行为真实感。

（3）支持实时交互，共享时钟。

（4）多个用户可以以各自不同的方式相互通信。

（5）资源共享并允许网络上的用户对环境中的对象进行自然操作和观察。

2. 分布式虚拟现实系统的设计和实现应该考虑的因素

（1）网络宽带的发展和现状。当用户增加时，网络延迟就会出现，带宽的需求也随之增加。

（2）先进的硬件和软件设备。为了减少传输延迟，增加真实感，功能强大的硬件设备是必需的。

（3）分布机制。它直接影响系统的可扩充性，常用的消息发布方法为广播、多播和单播。其中，多播机制允许不同大小的组在网上通信，为远程会议提供一对多、多对多的消息发布服务。

（4）可靠性。在增加通信带宽和减少延迟这两个方面进行折中时，必须考虑通信的可靠性问题。但可靠性的提高往往造成传输速度的减慢，因此要适可而止，才能既满足我们对可靠性的要求，又不影响传输速度。

※ 1.6 虚拟现实技术的研究状况

虚拟现实技术的问世，在开辟了人机交互等方面广阔天地的同时，也为人类社会带来了巨大的经济与社会效益。与此同时，人类社会的多媒体技术、网络技术的进步为虚拟现实技术的发展奠定了重要的基础。而计算机系统性能的提高、价格的降低、虚拟现实相关技术的成熟，更是促进了虚拟现实技术的研究，如实时三维生成与显示技术、三维声音定位与合成技术、传感器技术、识别定位技术、环境建模技术、CAD技术等。

虚拟现实技术领域几乎是所有发达国家都在大力研究的前沿领域，它的发展速度非常迅猛。基于虚拟现实技术的研究分为虚拟现实技术与虚拟现实应用两大类。在国外，虚拟现实技术研究方面发展较好的有美国、德国、英国、荷兰、日本等国家；在国内，浙江大学、北京航空航天大学、国防科技大学、中国科学院等单位在虚拟现实方面的研究工作开展得比较早，取得了较多的研究成果。

1.6.1 国外的研究状况

1. 美国的研究状况

虚拟现实技术诞生于美国，它是全球最早开始研究虚拟现实技术、研究范围最广的国家。国际虚拟现实技术的发展水平可以由其代表。其研究内容几乎涉及了从新概念发展（如虚拟现实的概念模型）、单项关键技术（如触觉反馈）到虚拟现实系统的实现及应用等有关虚拟现实技术的各个方面。

成立于1950年的美国国家科学基金会（NSF）下设的计算机、信息科学与工程学部（CISE）资助了大量的虚拟现实技术项目。其中，与虚拟现实技术相关度最高的是人机互动计划（HCI）和以人为中心的计算计划（HCC）。

成立于1958年的美国国家航空航天局（NASA）建立了航空、卫星维护虚拟现实训练系统，空间站虚拟现实训练系统，以及可供全国使用的虚拟现实教育系统。其中，NASA下设的艾姆斯研究中心对虚拟现实技术的研发支持最多。

美国国防部（DOD）相当重视虚拟现实技术的研发和应用。虚拟现实技术在武器系统性能评价、武器操纵训练及指挥大规模军事演习等方面发挥着重要的作用。

美国卫生与福利部（HHS）下属的国立卫生研究院（NIH）早在1986年就着手开展“可视人计划”。与此同时，国立卫生研究院还资助其他科研人员进行虚拟技术研究。

美国联邦航空局（FAA）、教育部（ED）甚至一些州政府也开展了虚拟技术研究。联邦航空局下属的民用航天医学研究所（CAMI）开发了首个虚拟现实技术空间定向障碍示范器（VRSDD）。

麻省理工学院（MIT）最先开始研究人工智能、机器人和计算机图形学及动画。其于1985年成立了媒体实验室，进行虚拟环境的正规研究。

密歇根大学（University of Michigan）在20世纪80年代成功开发了后来被广泛应用于人工智能、行为建模和人机接口等方面研究的Soar项目。

华盛顿大学（UW）内的人机界面技术实验室（HIT Lab）进行着感觉、知觉、认知和运动控制能力的研究。该实验室将虚拟现实研究引入了教育、设计、娱乐和制造领域。

伊利诺斯州立大学（UI）研制出支持远程协作的车辆设计分布式虚拟系统。该系统使得不同国家和地区的工程师们可以通过计算机网络进行实时协作设计。

乔治梅森大学（GMU）研制出一套在动态虚拟环境中的流体实时仿真系统。

加州大学伯克利分校（UC Berkeley）的远程沉浸实验室借助实时建模和远程共享的方法开发了远程沉浸式交互系统。

2. 欧洲的研究状况

英国在虚拟现实技术的研究与开发的某些方面，如分布式并行处理、辅助设备（触觉反馈设备等）设计、应用研究等方面，在欧洲是领先的。英国Bristol公司在软件和硬件的某些领域处于领先地位。他们认为，虚拟现实应用的焦点应集中在整体综合技术上。英国ARRL公司的研究主要是虚拟现实重构。他们的产品还涵盖了建筑和科学可视化计算。除此以外，英国还有四个从事虚拟现实技术研究的中心：Windustries（工业集团公司），是国际虚拟现实世界的著名开发机构，在工业设计和可视化等重要领域有一席之地；British Aerospace（英国宇航公司，BAE）的 Brough分部，利用虚拟现实技术设计高级战斗机座舱；桌面式虚拟现实的先驱Dimension International生产了一系列商业虚拟现实软件包，这些软件包都命名为Superscape；Divison LTD公司在开发VISION、Pro Vision和Supervision系统/模块化高速图形引擎中率先使用了Transputer i860技术。

欧洲其他一些发达国家，如德国、荷兰、瑞典等也积极进行了虚拟现实的研究与应用。

在德国，以德国FhG-IGD图形研究所和德国计算机技术中心（GMD）为代表。它们主要从事虚拟世界的感知、虚拟环境的控制和显示、机器人远程控制、虚拟现实在空间领域的应用、宇航员的训练、分子结构的模拟研究等。德国的计算机图形研究所（IGD）测试平台，主要用于评估现实技术对未来系统和界面的影响，向用户和生产者提供通向先进的可视化、模拟技术和虚拟现实技术的途径。

另外，德国在虚拟现实的应用方面也取得了意想不到的成果。他们用虚拟现实技术改造传统产业，用虚拟现实技术进行产品设计，尽可能地避免新产品开发的风险。

荷兰海牙TNO研究所的物理电子实验室（TNO-PEL）开发了训练和模拟系统。在这个系统中，通过改进人机界面使用户完全介入模拟环境。

3. 日本的研究状况

日本的研究主要致力于建立大规模虚拟现实知识库。另外，它在虚拟现实游戏方面的研究处于领先地位。

京都的先进电子通信研究所（ATR）正在开发一套系统，它能用图像处理来识别手势和面部表情。富士通实验室正在研究虚拟生物与虚拟现实环境的相互作用。另外，他们还在研究虚拟现实中的手势识别。日本奈良尖端技术研究生院大学教授千原国宏领导的研究小组于2004年开发出一种嗅觉模拟器，只要把虚拟空间里的水果放到鼻尖上一闻，装置就会在鼻尖处放出水果的香味。这是虚拟现实技术在嗅觉研究领域的一项重大突破。

1.6.2 国内的研究状况

我国虚拟现实技术的研究虽然起步较晚，与一些发达国家的研究尚有相当大的距离，但是随着计算机图形学、计算机系统工程等技术的高速发展，虚拟现实技术已经得到了国家有关部门和科学家们的高度重视。国家科委国防科工委部已经将虚拟现实技术的研究列为重点攻关项目，国内许多研究机构和高校也都在进行虚拟现实的研究。

北京航空航天大学计算机系是国内最早进行虚拟技术研究、最有权威的单位之一，并在以下方面取得进展：着重研究了虚拟环境中物体物理特性的表示与处理；在虚拟现实中的视觉接口方面开发出部分硬件，并提出有关算法及实现方法；实现了分布式虚拟环境网络设计，可以提供实时三维动态数据库、虚拟现实演示环境、用于飞行员训练的虚拟现实系统、虚拟现实应用系统的开发平台等。

浙江大学CAD&CG国家重点实验室开发出了一套桌面式虚拟建筑环境实时漫游系统，还研制出了在虚拟环境中的一种新的快速漫游算法和一种网格的快速生成算法；哈尔滨工业大学已经成功地虚拟出了人的高级行为中特定人脸图像的合成、表情的合成和唇动的合成等技术问题；清华大学计算机科学和技术系对虚拟现实和临场感的方面进行了研究；西安交通大学信息工程研究所对虚拟现实中的关键技术——立体显示技术进行了研究，提出了一种基于JPEG标准压缩编码新方案，获得了较高的压缩比、信噪比及解压速度。

思考题：

1. 虚拟现实有哪些特征？可分为哪些类型？
2. 虚拟现实的发展经历了哪些阶段？每个阶段有哪些关键的事件？
3. 谈谈虚拟现实目前的研究概况。
4. 虚拟现实目前有哪些不足之处？

第 2 章
虚拟现实的产品认知

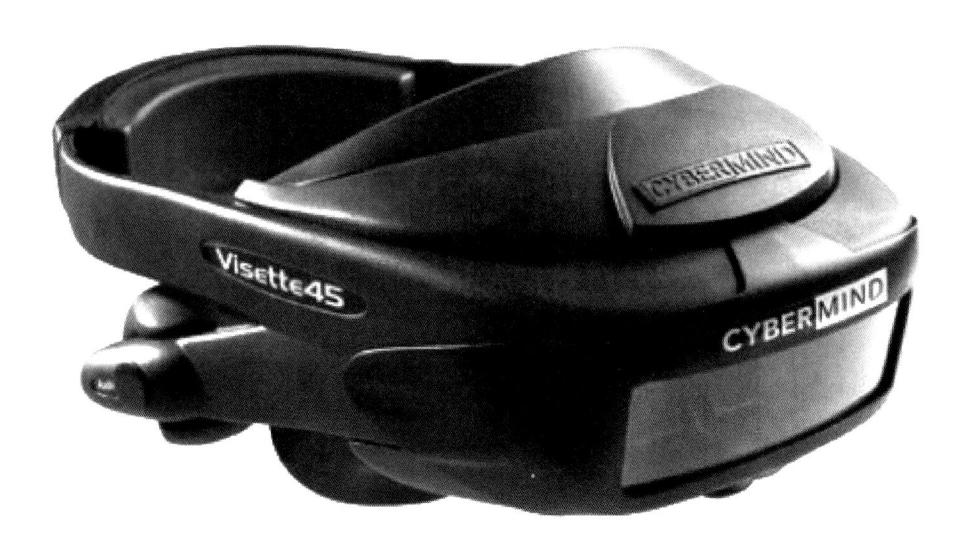

提到虚拟现实，有两个词瞬间会涌上人们的脑海中——索尼、Oculus。究其原因是由于他们太火爆了，几乎只要上网搜索“虚拟现实”，就会出现关于这两家公司的报道。但是这两家公司均不是最早涉足消费级VR设备的公司，最早涉足消费级虚拟现实设备的公司是任天堂。

早在20世纪90年代，任天堂就研发出了一款VR设备——Virtual Boy，如图2-1所示。虽然当时该设备的出现并没有真正打开市场的大门，但是它却成了不可缺少的敲门砖。也正是因为这款设备的出现，世人才看到了VR。

图2-1 Virtual Boy

受到技术的硬条件的影响，VR虽然在20世纪90年代就已经有了打开市场的尝试，出现了很多尝试品，但真正能够击中用户兴奋点的产品却始终没有出现。一直到2006年，东芝率先打破了僵局。东芝设计研发的VR设备可以为佩戴者提供120°垂直和160°水平视角。对游戏玩家来说，沉浸式体验在东芝的这款VR设备上体现得淋漓尽致。但是由于当时计算机技术的原因，要想使用户进入沉浸体验中，就必须放弃一些细节和重量上的考虑。于是这款设备的重量就被固定在5.5斤[①]。也就是说，用户要想体验VR技术，就必须顶上差不多跟西瓜一样重的头盔。这样，这款产品被市场接受的可能性就变得极低。因为过于笨重，东芝的VR设备最终被砍掉，如图2-2所示。

随后的时间里，一些VR概念产品陆续被研制出来。但由于市场规模小、成本高、虚拟体验度不强等原因，这些产品终究没能经受住市场的考验，纷纷搁浅。直到2012年Oculus Rift的出现，VR设备才再一次点燃了市场。

① 1斤=0.5千克。

现今，市场上有哪些虚拟现实的硬件设备、产品、APP？本章将围绕着这三个方面的内容展开介绍。

图2-2 2006年东芝生产的虚拟现实设备

※ 2.1 虚拟现实硬件外设认知

虚拟现实系统和其他类型的计算机应用系统一样，由硬件和软件两大部分组成。在虚拟现实系统中，首先要建立一个虚拟世界，就必须有以计算机为中心的一系列设备。同时，为了实现用户与虚拟世界的自然交互。譬如，在虚拟世界中，用户要看到立体的图像，听到三维的虚拟声音；设备要对用户的动作进行跟踪。这些行为依靠传统的键盘与鼠标是达不到的，还必须有一些特殊的设备才能得以实现。因此，要建立一个虚拟现实系统，硬件设备是基础。在虚拟现实系统中，硬件设备包括虚拟现实生成设备、感知设备、跟踪设备和基于自然方式的人机交互设备。虚拟现实技术具有超越现实的虚拟性，生成虚拟现实的核心设备是一台或多台高性能且带有图形加速器和多条图形输出流水线的计算机，用来生成虚拟境界的图形。感知设备是将虚拟世界中的信号转变为人类能接收的信号的设备，如视觉感知、听觉感知和重力感知等。跟踪设备主要用于跟踪和检测位置和方向。虚拟现实的其他外设主要用于实现交互功能，包括立体眼镜、头盔显示器、数据手套、三维鼠标、运动跟踪器和力反馈装置等。

2.1.1 立体眼镜

立体眼镜是目前最为流行和经济实用的虚拟现实观察设备。如图2-3所示，其结构简单、外形轻巧、价格低廉，成为众多虚拟现实爱好者的理想选择。

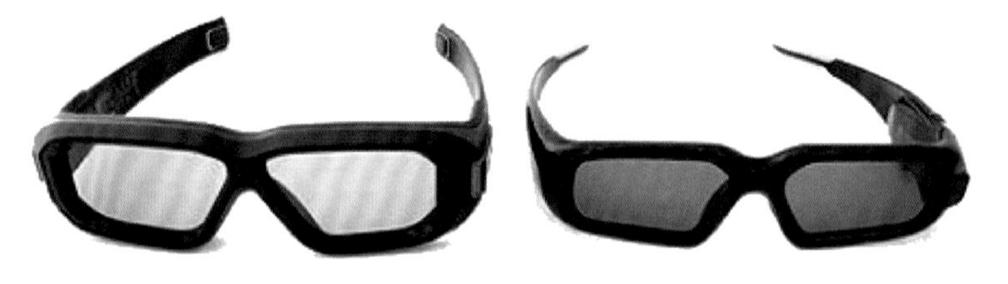

图2-3 3D Vision 2、3D Vision两代眼镜

立体眼镜的结构原理是：经过特殊设计的虚拟现实监视器能以120～140 f/s或两倍于普通监视器的扫描频率刷新屏幕，与其相连的计算机向监视器发送RGB信号中含有两个交互出现的、略微有所漂移的透视图；与RGB信号同步的红外控制器发射红外线，立体眼镜中红外接收器依次控制正色液晶检波器、保护器，轮流锁定双眼视觉。因此，大脑中就记录有一系列快速变化的左、右视觉图像，再由人眼视觉的生理特征将其加以融合，就产生了深度效果，即三维立体画面。检波器、保护器的开/关时间极短，只有几毫秒，而监视器的刷新频率又很高。因此，产生的立体画面无抖动现象。有些立体眼镜也带有头部跟踪器，能够根据用户的位置变化做出反应。与HMD相比，立体眼镜结构轻巧、造价较低，而且长时间佩戴，眼睛也不至于疲劳。

2.1.2 头盔显示器

头盔显示器（Head Mounted Display，HMD）是常见的图形显示设备。利用头盔显示器将人对外界的视觉封闭，引导用户产生一种身在虚拟环境中的感觉。头盔显示器通常同两个LCD或CRT显示器分别显示左右眼的图像。这两个图像存在微小的差别，人眼获取这种带有差异的信息后在脑海中产生立体感。头盔显示器主要由显示器和光学透视镜组成，辅以3个自由度的空间跟踪定位器可进行虚拟输出。同时，观察者可以做空间上的自由移动，如行走、旋转等。

目前，常见的头盔显示器有Virtual Research 1280数字头盔、eMagin数字头盔、Liteye单目穿透式头盔、Cybermind双目式数字头盔和5DT数字头盔。

（1）Virtual Research VR1280是一款双路输入SXGA（1280×1024）分辨率反射FLCOS头戴式显示器。适用于高级虚拟现实应用领域。如图2-4所示。该产品将高亮度、高分辨率彩色微型显示器与量身设计的光学设备相结合，带给用户60°宽视域的无与伦比的视觉灵敏度体验。Virtual Research VR1280数字头盔显示器使用简便，且比以往的显示系统更加结实耐用。该产品的佩戴过程只需短短几秒，后部和顶部的棘齿及前额弹簧垫确保佩戴更加牢固、舒适。用户可进行快捷、精确的调整，通过调整瞳距还可同时调整良视距离，以适应镜片要求。高性能的Sennheiser耳机可自由旋转，不使用时还可将其轻松拆除。

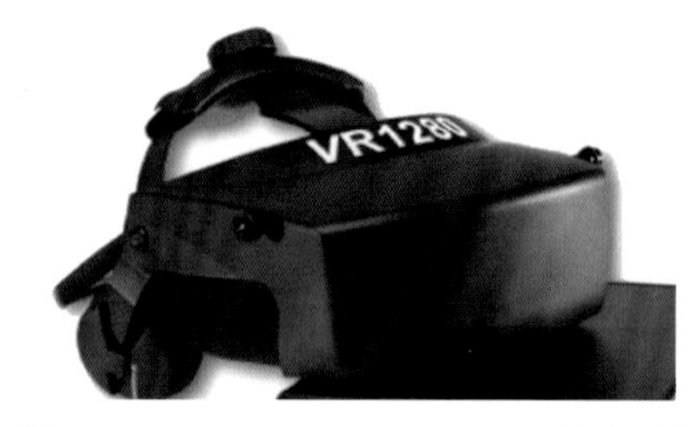

图2-4 Virtual Research VR1280数字头盔

（2）eMagin Z800 3D Visor数字头盔是由eMagin公司生产的。该公司是OLED微型显示器和虚拟图像技术的引领者。该头盔重量不足225 g，OLED显示器的大小仅为0.59 inch，但其图像显示效果却能达到相当于在3.65 m外观看的电影屏幕。虚拟现实数字头盔配备两部eMagin SVGA 3D OLED高对比度微型显示器，能够流畅地传输1 670万种色彩的全动态视频图像。搭配高灵敏度头部追踪装置，可为用户提供360°图像追踪。如图2-5所示，这款头盔使用户摆脱了传统头戴式显示器的束缚，游戏用户可体验身临其境的虚拟现实环境；PC用户则可以在不受限制的环境中工作和体验虚拟现实环境。

图2-5 eMagin Z800 3D Visor

（3）数字头盔从外形上主要分为单目式数字头盔和双目式数字头盔。单目式数字头盔的主要特点是有着轻巧的质量，具有可透视性，常被用于增强现实和军事领域；双目式数字头盔可以形成立体影像，常用于虚拟现实领域。例如，Liteye LE-750A VGA单目式数字头盔就是常用于军事训练的优秀产品。该透视型头戴式显示器结合采用了Liteye的专利棱镜设备和简便易用的通用支架，并使用OLED微型显示器，降低了耗电量且操作更加便捷，即使在极热和极冷的恶劣条件下也能正常运行。该产品的通用支架使用户能够准确定位安装头戴式显示器，且佩戴十分舒适。

（4）Cybermind hi-Res800_PC 3D（图2-6）是一款全彩的SVGA沉浸式的头戴式显示器。其集高品质和卓越设计于一身，可满足用户的不同需求，且具有超高的性价比。Cybermind hi-Res800_PC 3D具有完全3D沉浸感，广泛地应用于娱乐和仿真等各个领域。Cybermind hi-Res800_PC 3D机身重量小于600 g，即插即用，几乎可同任何类型的计算机相兼容，为用户提供最佳的3D立体影像，适用于娱乐、仿真、游戏、医疗等诸多领域。

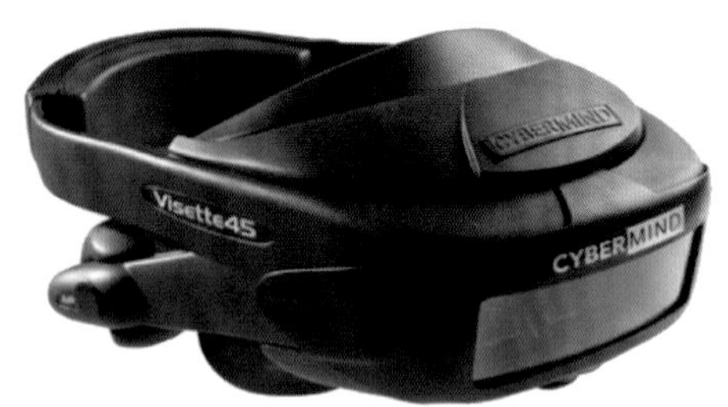

图2-6　Cybermind hi-Res800_PC 3D

（5）5DT头盔显示器（图2-7）具有超高的分辨率，可提供清晰的图像和优质的音响效果，产品外形设计简约流畅，便于携带。用户可根据自己对沉浸感的需求进行不同层级的调节，另外，它还有可进行大小调节的顶部旋钮、背部旋钮、穿戴式的头部跟踪器以及便于检测的翻盖式设计。

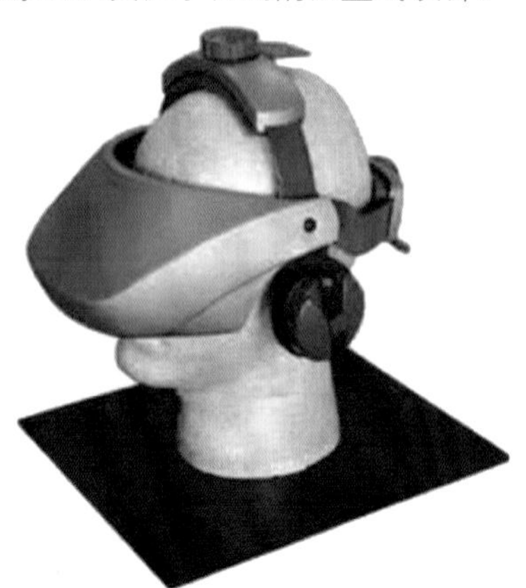
图2-7　5DT头盔显示器

2.1.3　数据手套

数据手套（Data Glove）（图2-8）是美国VPL公司在1987年推出的一种传感手套的专有名称。如今，数据手套已经成为一种被广泛使用的输入传感设备。它穿戴在用户手上，作为一只虚拟的手用于与虚拟现实系统进行交互，可以在虚拟世界中进行物体抓取、移动、装配、操纵、控制，并把手指和手掌伸屈时的各种姿势转换成数字信号传送给计算机，计算机通过应用程序识别出用户的手在虚拟世界中操作时的姿势，执行相应的操作。现在已经有多种传感手套产品，它们之间的区别主要在于采用的传感器不同。较典型的传感手套有VPL公司的数据手套、Vertex公司的赛伯手套、Exos公司的数据传感手套等。

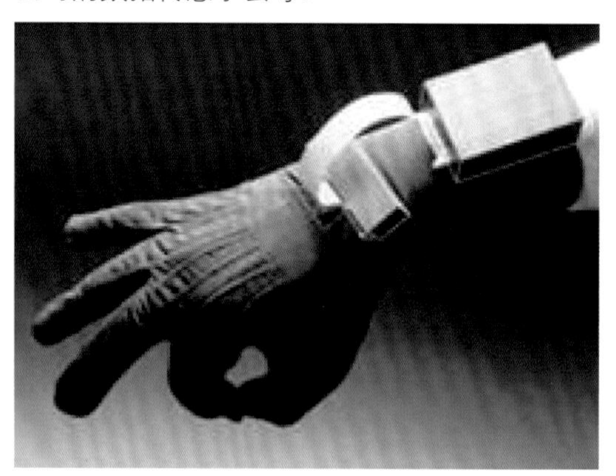
图2-8　数据手套

（1）美国VPL公司的数据手套（Data Glove）是同类产品中第一个推向市场的。手套部分使用了轻质的富有弹性的莱卡材料制成，并在手套中附加使用了Isotrack 3D位置传感器，用于三维空间中的位置检测。它采用光纤作为传感器，用于测量手指关节的弯曲和外展角度。采用光纤作为传感器是因为光纤较轻便、紧凑，可方便地安装在手套上，并且用户戴上手套感到很舒适。此数据手套中，手指的每个被测的关节上都有一个光纤维环。纤维经过塑料附件安装，使之随着手指的弯曲而弯曲。在标准的配置中，每个手指背面只安装两个传感器，以便测量主要关节的弯曲运动。在这个数据手套中，光纤环的一端与光电子接口的一个红外发射二极管相接，作为光源端；另一端与一个红外接收二极管相接，检测经过光纤环返回的光强度。当手指伸直时，因为圆柱壁的折射率小于中心材料的折射率，传输的光线没有被衰减；当手指弯曲时，在手指关节弯曲处光会逸出光纤，光的逸出量与手指关节的弯曲程度成比例，这样，测量返回光的强度就可以间接测出手指关节的弯曲角度。在这款数据手套的使用过程中，因为用户手的大小不同，所以手套戴在手指上松紧程度不同，为了得到更为准确的数据，每次使用手套时，都必须进行校正。

（2）随着VPL公司的倒闭，Vertex公司的赛伯手套（Cyber Glove）渐渐取代了原来的数据手套，在虚拟现实系统中广泛应用。赛伯手套是为把美国手语翻译成英语所设计的。在手套尼龙合成材料上每个关节弯曲处织有多个由两片很薄的应变电阻片组成的传感器，在手掌区不覆盖这种材料，以便透气，并可方便其他操作。这样，手套使用十分方便且穿戴也十分轻便。它在工作时检测成对的应变片电阻的变化，由一对应变片的阻值变化间接测出每个关节的弯曲角度。当手指弯曲时成对的应变片中的一片受到挤压，另一片受到拉伸，使两个电阻片的电阻值一个变大、一个变小，在手套上每个传感器对应连接一个电桥电路，这些差分电压由模拟多路扫描器进行多路传输，再放大并由A/D转换器数字化，数字化后的电压被主计算机采样，再经过校准程序得到关节弯曲角度，从而检测到各手指的状态。此款数据手套的输出仅依赖于手指关节的角度，与关节的突出无关，这就使得每次戴手套时校正的数据不会发生改变。

（3）Exos公司推出的数据传感手套（Dextrous Hand Master，DHM）实际上不是一个手套，而是一个金属结构的传感装置，通常安装在用户的手背上，其安装及拆卸过程相对比较烦琐，在每次使用前必须进行调整。其在每个手指上安装有4个位置传感器，共采用20个霍尔传感器安装在手的每个关节处。数据传感手套是利用在每个手指上安装的机械结构关节上的霍尔效应传感器测量。其结构的设计很精巧，对手指运动的影响较少，专门设计的夹紧弹簧和手指支撑保证在手的全部运动范围内设备的紧密结合。设备用可调的带子安装在用户手上，附加的支撑和可调的杆使之适应不同用户手的大小。这些复杂的机械设计造成了高成本，是较为昂贵的传感手套。数据传感手套具有高传感速率以及高传感分辨率的特点，常用于精度与速度要求较高的场合。其优点是响应速度快、分辨率高、精度高，但是它也在精度和校准上存在与其他手套类似的问题。

2.1.4 三维控制器

三维控制器分为三维鼠标（3D Mouse）和力矩球（Space Ball）。

（1）普通鼠标只能感受在平面的运动，而三维鼠标则可能让用户感受到在三维空间中的运动反馈。如图2-9所示，三维鼠标可以完成在虚拟空间中6个自由度的操作，包括3个平移参数与3个旋转参数。其工作原理是在鼠标内部装有超声波或电磁发射器，利用配套的接收设备可检测到鼠标在空间中的位置与方向，与其他设备相比其成本低，常应用于建筑设计等领域。

图2-9 三维鼠标

（2）力矩球通常被安装在固定平台上，如图2-10所示。它的中心是固定的，并安装有6个发光二极管。这个球有一个活动的外层，也安装有6个相应的光接收器。用户可以通过手的扭转、挤压、来回摇摆等操作，来实现相应的操作。它是采用发光二极管和光接收器，通过安装在球中心的几个张力器来测量手施加的力，并将数据转化为3个平移运动和3个旋转运动的值送入计算机中，当使用者用手对球的外层施加力时，根据弹簧形变的法则，6个光传感器测出3个力和3个力矩的信息，并将信息传送给计算机，即可计算出虚拟空间中某物体的位置和方向。力矩球的优点是简单且耐用，可以操纵物体。但在选取物体时不够直观，在使用前一般需要进行培训与学习。

图2-10　力矩球

2.1.5　运动捕捉系统

运动捕捉（Motion Capture，MC）技术的出现可以追溯到20世纪70年代，华特迪士尼公司曾试图通过捕捉演员的动作以改进动画制作效果。当计算机技术刚开始应用于动画制作时，纽约计算机图形技术实验室的Rebecca Allen就设计了一种光学装置，将演员的表演姿势投射在计算机屏幕上，作为动画制作的参考。20世纪80年代开始，美国Biomechanics实验室、Simon Fraser大学、麻省理工学院等开展了计算机人体运动捕捉的研究，此后，运动捕捉技术吸引了越来越多的研究人员和开发商的注意，并从研究试用逐步走向了实用化。1988年，SGI公司开发了可捕捉人头部运动和表情的系统，随着计算机软、硬件技术的飞速发展和动画制作要求的提高，运动捕捉进入了实用化阶段，厂商推出了多种商品化的运动捕捉设备，如Vicon、Natural Point、Polhemus、Sega Interactive、MAC、X-Ist、Film Box、Motion Analysis等，其应用领域也远远超出了表演动画，成功地用于虚拟现实、游戏、人体工程学研究、模拟训练、生物力学研究等许多方面。

到目前为止，常用的运动捕捉技术从原理上说可分为机械式、声学式、电磁式和光学式四大类，不依赖专用传感器而直接识别人体特征的运动捕捉技术也将很快走向实用。

1. 机械式运动捕捉

机械式运动捕捉依靠机械装置来跟踪和测量运动，如图2-11所示。典型的系统由多个关节和连杆组成，在可转动的关节中装有角度传感器，可以测得关节转动角度的变化。装置运动时，根据角度传感器测得的角度变化和连杆的长度，可以得出杆件末端点在空间中的位置和运动轨迹。

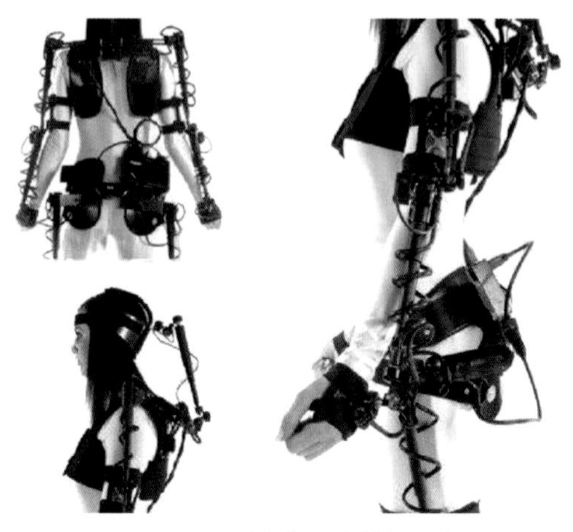

图2-11　机械式运动捕捉设备

最早期的一种机械式运动捕捉装置是用带角度传感器的关节和连杆构成一个“可调姿态的数字模型”，其形状可以模拟人体或动物等。使用者调整模型的姿势，然后锁定，关节的转动被角度传感器测量记录，计算出模型的姿态。这些姿态数据传给动画软件，使其中的角色模型也做出一样的姿势。

机械式运动捕捉的一种应用形式是将欲捕捉的运动物体与机械结构相连，物体的运动带动机械装置，从而被传感器实时记录下来。这种方法的优点是成本低，精度较高，可以做到实时测量，还可以允许多个角色同时表演；主要的缺点是使用起来非常不方便，机械结构对表演者的动作阻碍、限制很大。

2. 声学式运动捕捉

声学式运动捕捉装置由发送器、接收器和处理单元组成。发送器是一个固定的超声波发生器，接收器一般由呈三角形排列的三个超声探头组成。通过测量声波从发送器到接收器的时间或者相位差，系统可以计算并确定接收器的位置和方向。

声学式运动捕捉装置成本较低，但对运动的捕捉有较大的延时和滞后，实时性较差，精度一般不很高，声源和接收器之间不能有大的遮挡物体，受噪声和多次反射等干扰较大。Logitech、SAC等公司都生产超声波运动捕捉设备。

3. 电磁式运动捕捉

电磁式运动捕捉系统（图2-12）包括发射源、接收传感器和数据处理单元。发射源在空间产生按一定时空规律分布的电磁场。接收传感器（通常有10～20个）安置在表演者身体的关键位置，随着表演者动作在电磁场中运动。传感器通过电缆或无线方式与数据处理单元相连。

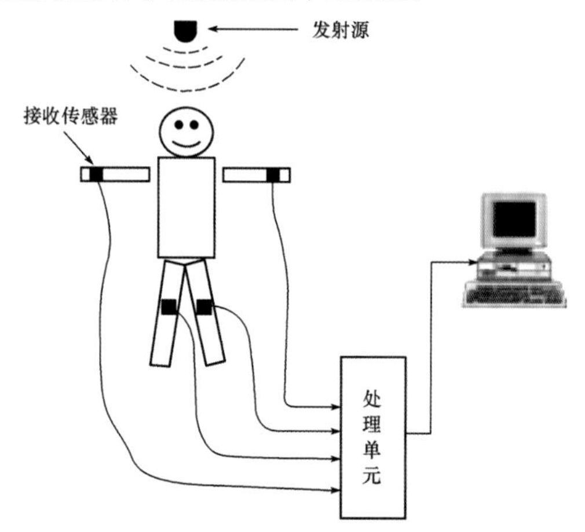

图2-12 电磁式运动捕捉系统

表演者在电磁场内表演时，接收传感器将接收到的信号通过电缆传送给处理单元。根据这些信号可以解算出每个传感器的空间位置和方向。

电磁式运动捕捉系统的优点在于，首先它记录的是六维信息，即不仅能得到空间位置，还能得到方向信息，这一点对某些特殊的应用场合很有价值。其次是速度快，实时性好，在表演者表演时，动画系统中的角色模型可以同时反应，这便于排演、调整和修改。装置的定标比较简单，技术较成熟，鲁棒性好，成本相对低廉。其缺点是对环境要求严格，在表演场地附近不能有金属物品，否则会造成电磁场畸变，影响精度。系统的允许表演范围比光学式的要小。特别是电缆对表演者的活动限制比较大，对于比较剧烈的运动、表演不适用。

4. 光学式运动捕捉

光学式运动捕捉通过对目标上特定光点的监视和跟踪来完成运动捕捉的任务。目前，常见的光学式运动捕捉大多是运用计算机视觉原理。从理论上说，对于空间中的一个点，只要它能同时被两个相机缩减，则根据同一时刻两个相机所拍摄的图像和相机参数，就可以确定这一时刻该点在空间中的位置。当相机以足够高的速率连续拍摄时，从图像序列中就可以得到该点的运动轨迹。

光学式运动捕捉的缺点是价格昂贵，虽然可以实时捕捉运动，但后期处理的工作量非常大，对于表演场地的光照、反射情况有一定的要求，装置定标也比较烦琐。

2.1.6 三维跟踪传感设备

虚拟现实是在三维空间中与人交互的技术，为了能及时、准确地获取人的动作信息，需要有各类高精度、高可靠的跟踪、定位设备。而这种实时跟踪及交互装置主要依赖于传感器技术，它是虚拟现实系统中实现人机之间沟通的极其重要的通信手段，是实时处理的关键技术。

1. 电磁波跟踪器

电磁波跟踪器是一种最为常用的跟踪器。其使用一个信号发生器（3个正交线圈组）产生低频电磁场，然后由放置于接收器中的另外三组正交线圈组负责接收。通过获得的感生电流和磁场场强的9个数据来计算被跟踪物体的位置和方向。电磁波跟踪器体积小、价格便宜、用户运动自由，而且敏感性不依赖于跟踪方位，但是其系统延迟较长，跟踪范围小，且准确度容易受环境中大的金属物体或其他磁场的影响。

2. 超声波跟踪器

超声波跟踪器的工作原理是发射器发出高频超声波脉冲后，由接收器计算收到信号的时间差、相位差或声压差等，进而跟踪物体的距离和方位。超声波跟踪器的性能适中，成本低廉，而且不会受外部磁场和大块金属物质的干扰。但是，它的敏感性却容易受接收器的方位和空气密度的影响。

3. 光学跟踪器

光学跟踪器也是一种较为常见的跟踪技术。这种跟踪器可以使用自然光、激光或红外线等作为光源，但为避免干扰用户的观察视线，目前多采用红外线方式。与电磁波和超声波这两种跟踪器相比，光学系统的可工作范围小，但其数据处理速度、响应性都非常好，因而较适用于头部活动范围相当受限，但要求具有较高刷新率和精确率的实时应用。

2.1.7 数据衣

在虚拟现实系统中比较常用的运动捕捉系统是数据衣。数据衣是为了让虚拟现实系统识别全身运动而设计的输入装置。它是根据“数据手套”的原理研制出来的。这种衣服装备着许多触觉传感器，穿在身上，衣服里面的传感器能够根据身体的动作探测和跟踪人体的所有动作。数据衣能对人体大约50个不同的关节进行测量，包括膝盖、手臂、躯干和脚。通过光电转换，身体的运动信息被虚拟现实系统识别。数据衣主要应用在一些复杂环境中，对物体进行跟踪和对人体运动进行跟踪与捕捉。

2.1.8 墙式投影显示设备

要解决更多的人共享虚拟环境的难题，最简单的方法就是扩大屏幕。于是以墙为投影面的墙式投影显示设备应运而生。工作形式上类似于背投式的放映电影模式。其可分为单通道立体投影系统和多通道立体投影系统。

1. 单通道立体投影系统

以一台图形工作站为实时驱动平台，两台叠加的立体专业LCD投影仪作为投影主体，在显示屏上显示一幅高分辨率的立体投影影像。该系统具有低成本、操作简便、占用空间小的特点，是一种具有极好性价比的小型虚拟三维投影显示系统，其集成的显示系统使得安装、操作使用更加容易和方便，被广泛应用于高等院校和科研院所的虚拟现实实验室中。

2. 多通道立体投影系统

多通道立体投影系统是一种沉浸式虚拟仿真显示环境，系统采用环形的投影屏幕作为仿真应用的投射载体。根据环形幕半径的大小，通常为120°、135°、180°、240°、270°、360°弧度不等。由于其屏幕的显示半径巨大，通常用于一些大型的虚拟仿真应用。例如，虚拟战场、虚拟样机、数字城市规划、三维地理信息系统等大型场景仿真环境。近年来，开始向展览展示、工业设计、教育培训、会议中心等专业领域发展。

多通道立体投影系统是目前非常流行的一种具有高度沉浸感的虚拟现实投影显示系统。该系统以多通道视景同步技术、数字图像边缘融合技术、多通道亮度和色彩平衡技术及多通道视景同步技术为支撑，将三维图形计算机生成的三维数字图像实时地输出并显示在一个超大幅面的环形投影幕墙上，并以立体成像的方式呈现在观看者的眼前，使观看者和参与者获得一种身临其境的虚拟仿真视觉感受，如图2-13所示。

图2-13 多通道环幕立体投影显示系统

2.1.9 CAVE虚拟系统

洞穴式立体显示装置（Computer Automatic Virtual Environment，CAVE）系统是一套基于高端计算机的多面式的房间式立体投影系统解决方案。其主要包括专业虚拟现实工作站、多通道立体投影系统、虚拟现实多通道立体投影软件系统、房间式立体成像系统4部分。CAVE是将高分辨率的立体投影技术和三维计算机图形技术、音响技术、传感器技术等综合在一起，产生一个供多人使用的完全沉浸的虚拟环境。这种小房子的形状通常是一个立方体，像洞穴一样，因而称为洞穴式立体显示装置。在CAVE环境中通常可容纳4～5人，常见的CAVE有4面CAVE、5面CAVE、6面CAVE，其中5面CAVE的立体显示装置的显示屏幕由立方体的5个面组成，立方体的另一个面用于作为人员的出入通道和通气口；而4面的CAVE由4个投影面组成，由左、中、右3面及地板构成，其结构如图2-14所示。

图2-14　4面CAVE结构示意图

CAVE系统可用于各种模拟与仿真游戏等，但主要应用是科研方面的可视化应用。CAVE为科学家带来了一种伟大而革新的思考方式，扩展了人类的思维。它可以向从事计算的科学家和工程师提供高质量的立体显示装置，色彩丰富、无闪烁、大屏幕的立体显示装置使科学家和工程师身临其境于所建成的虚拟环境中，并可允许多人进行交互式工作。现在的虚拟现实技术及CAVE显示装置为科学计算可视化提供了高性能的模拟手段，进一步吸引科研人员采用虚拟现实技术来进行科学研究。一个典型的例子是，科学家利用超级计算机生成了海量的数据，如果他想解释这些数据的意义，最好的方法是在CAVE系统通过可视化的方式看到这些数据，并通过图形的方式去交互地浏览这些数据。

CAVE的其他应用是建立虚拟原型以及辅助建筑设计。例如，要设计一辆汽车，可以在CAVE上建造一个虚拟模型并随意观看；也可以围绕着它，从各个角度审视它，甚至可以走进汽车的内部，坐到驾驶员的位置上去观察。建筑设计与此类似，假如你是个建筑设计师，与其建造一个小比例的建筑模型，不如利用CAVE在虚拟建筑内走一走，使你身临其境地感受到一些建筑物的内部结构，并与之发生互动，分析设计的合理性。

但是CAVE存在的问题是价格昂贵，需要较大的空间与更多的硬件，目前没有产品化与标准化，对使用的计算机系统图形处理能力有着极高的要求，因此限制了它的普及。

2.1.10　触觉、力觉反馈设备

在虚拟世界中，人不可避免地会与虚拟世界中的物体进行接触并进行各种交互。在虚拟现实系统中，接触可以按照提供给用户的信息分为触觉反馈和力觉反馈两类。人们一方面是利用触觉和力觉信息去感知虚拟世界中物体的位置和方位；另一方面是利用触觉和力觉操纵和移动物体来完成某种任务。在虚拟环境中，缺乏触觉识别就失去了给用户的主要信息源。触觉与力觉系统允许用户接触、感觉、操作、创造及改变虚拟环境中的三维虚拟物体。人类的接触功能在与虚拟环境交互中起着重要的作用。触觉不仅可以感觉和操作，而且是人类许多活动的必要组成部分。因此，没有触觉和力觉反馈，就不可能与环境进行复杂和精确的交互。

在触觉和力觉这两种感觉中，触觉的内容相对丰富，触觉感知给用户提供的信息有物体表面几何形状、表面纹理、滑动等。力觉反馈给用户提供的信息有总的接触力、表面柔顺、物体重量等。但目前的技术水平只能做到触觉反馈装置能提供最基本的“触到了”的感觉，无法提供材质、纹理、温度等感觉。

1. 触觉反馈装置

触觉反馈在物体辨识与操作中起着重要的作用。同时，它也检测物体的接触，所以在任何力觉反馈系统中都是需要的。人体具有20种不同类型的神经末梢，给大脑发送信息。多数感知器是热、冷、疼、压、接触等感知器。触觉反馈装置就是给这些感知器提供高频振动、开头或压力分布、温度分布等信息。

就目前技术来说，触觉反馈装置主要局限于手指触觉反馈装置。按触觉反馈的原理，手指触觉反馈装置可分为基于视觉式、电刺激式、神经肌肉刺激式、充气式和振动式5类。

2. 力觉反馈装置

力觉反馈是运用先进的技术手段将虚拟物体的空间运动转变成周边物理设备的机械运动，使用户能够

体验到真实的力度感和方向感，从而提供一个崭新的人机交互界面。力反馈技术最早被应用于尖端医学和军事领域。在实际应用中，常见的设备有力反馈鼠标、力反馈手柄、力反馈手臂、力反馈的Rutgers轻便操纵器、LRP手操纵器等。

2.1.11 三维扫描仪

三维扫描仪（3Dimensional Scanner）又称为三维数字化仪或三维模型数字化仪，是一种较为先进的三维模型建立设备。它是当前使用的对实际物体三维建模的重要工具，能快速方便地将真实世界的立体彩色的物体信息转换为计算机能直接处理的数字信号，为实物数字化提供了有效的手段。

三维扫描仪与传统的平面扫描仪、摄像机、图形采集卡相比有很大的不同。第一，其扫描对象不是平面图案，而是立体的实物。第二，通过扫描，可以获得物体表面每个采样点的三维空间坐标，彩色扫描还可以获得每个采样点的色彩。某些扫描设备甚至可以获得物体内部的结构数据。而摄像机只能拍摄物体的某一个侧面，且会丢失大量的深度信息。第三，它输出的不是二维图像，而是包含物体表面每个采样点的三维空间坐标和色彩的数字模型文件。这可以直接用于CAD或三维动画。彩色扫描仪还可以输出物体表面色彩纹理贴图。

Cyberware在20世纪80年代，华特迪士尼等动画和特技公司不仅采用了三维扫描仪制作《侏罗纪公园》《终结者Ⅱ》《蝙蝠侠Ⅱ》《机械战警》等影片，还用于快速雕塑系统。在20世纪90年代，扫描仪可对人体全身扫描，对给定对象采用多边形、NURBS曲面、点、Spline曲线方式进行描述。

Cyberwarer的代表产品是3030系列。其适用范围宽、价格适中、性能好。除3030R外，都可以进行彩色扫描，扫描速率可达1.4万点/秒。3030RGB型扫描物体的尺寸为30 cm，深度方向测量精度为100～400 μm，测量单元质量为23 kg，主机采用SGI工作站。有两种扫描方式，一种是被扫描的物体运动；另一种是扫描单元运动，适于扫描大件物体。

3D Scanner公司的Reversa是采用非接触式双相机激光扫描头，基于线状结构光测距原理，采用“相机—激光源—相机”的方案实现。它制作精巧、重量轻、体积小，激光线最窄40 μm，浓度方向测量精度10 μm。Reversa可以安装在CNC加工机、三坐标测量系统或独立的扫描桌上，进行4轴或5轴的扫描运动，扫描采样速率为1～1.5万点/秒。

其他类型的产品有CGI公司的自动断层扫描仪CSS-1000；Inspeck公司的三维光学扫描装置；Digibot公司的DigibotⅡ；Steinbichler公司的三维扫描系统，比如COMET、AutoScan、Tricolite；华中理工大学的3DLCS95。

※ 2.2 虚拟现实典型产品认知

正如提到可穿戴你会联想到智能手表和智能手环，提到虚拟现实你可能马上想到的是VR头盔。Oculus Rfit、Sony PlayStation VR及HTC Vive三大头显已广为人知，但还有更多的VR眼镜以及VR一体机的产品你或许从未了解，本节将带你认知虚拟现实的典型产品。

据Digi-Capital的预测，至2020年全球VR与AR的市场规模将达到1 500亿美元，而根据市场研究机构BI Intelligence的统计，2020年仅头戴式VR硬件的市场规模就将从2015年的0.37亿飙升至28亿。

VR市场前景广阔且受到资本热炒，这样的背景下自然少不了参与竞争的厂商。市场研究公司Super Data发表研究报告称，2016年全球虚拟现实头显销量为630万台。其中，三星Gear VR销量估计为450万台，索尼PlayStaTIon VR以“逼近100万台”的销量排在第二位。Oculus、谷歌和HTC的虚拟现实头显销量之和约为100万台，而HTC Vive销量超过Facebook的Rift。

不过，除我们熟知的三星Gear VR外，根据接入终端的不同，业内将VR头戴硬件设备粗略地分为三种，即连接PC/主机使用的称为VR头盔、插入手机使用的称为VR眼镜（或眼镜盒子）、可独立使用的称为VR一体机。

2.2.1 VR头盔

1. Oculus Rift

Oculus Rift（图2-15）是一款为电子游戏设计的头戴式显示器。售价599 美元的 Oculus Rift 套装里包含了一台Oculus Rift头显、一个Oculus Remote、一个位置追踪摄像头以及一个Xbox One手柄，唯独没有Oculus Touch控制器。现阶段用Oculus Rift玩游戏，主要通过Xbox One手柄和头部位置追踪来交互。

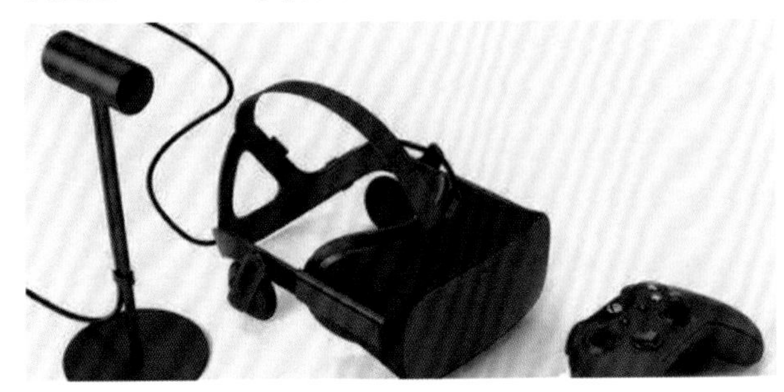

图2-15 Oculus Rift

Oculus VR在内容上的主要发力点目前在游戏上。Oculus Rift独占的游戏超过20款，如《EVE：瓦尔基里》《Lucky's Tale》《Damaged Core》《Chronos》《Rock Band VR》。其中，《EVE：瓦尔基里》和《Lucky's Tale》都是随Oculus Rift套装赠送的。

2. HTC Vive

HTC Vive（图2-16）是由HTC与Valve联合开发的一款虚拟现实头戴式显示器，于2015年3月在MWC2015上发布。HTC Vive从一开始就是配合着自己的控制器使用，799美元的套装里面也包含了这个控制器。经过改进后，HTC Vive的控制器更加符合人体工程学，外观也不再棱角分明。同时，传感器被隐藏起来，控制器顶端的圆环设计正是为了防止传感器被遮挡。背后的扳机加上了两段式压感，也能提供振动反馈，内置锂电池，可通过Micro-USB接口充电，能够提供4小时左右的续航时间。

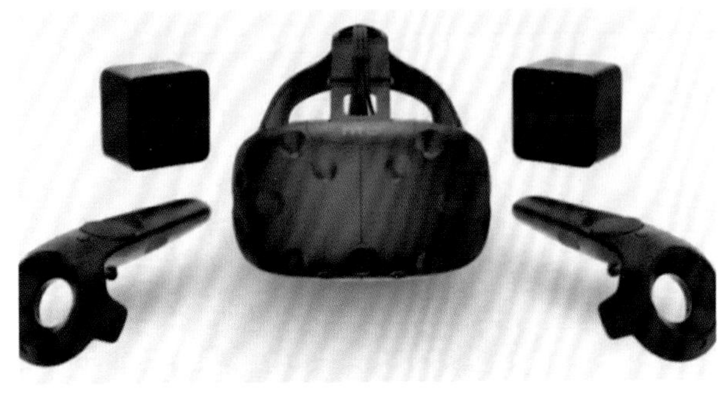

图2-16 HTC Vive

HTC Vive的游戏包括射击、赛车、恐怖、模拟、解谜、RTS等各种类型，其中包括不少经典的大作，如《半条命》《军团要塞2》《英雄连 2》。

3. Sony PlayStation VR

售价399美元的PS VR（图2-17）套装里面包含了头显、耳机以及各种线缆，唯独没有PS Move控制器。

图2-17 Sony PlayStation VR

与Oculus Rift一样，PS VR同样依靠摄像头来对玩家进行位置追踪。虽然PS VR也是提倡坐着玩的VR系统，但PS Camera的位置追踪系统也允许玩家在大概2米的区域范围内走动。

PS VR运行在游戏主机PS4上，因此内容也主要是游戏。宣布PS VR售价和出货日期的时候，索尼透露，目前全球有超过230家开发商和发行商正在为PS VR开发160款以上的游戏内容，其中超过50款游戏计划在2017年内推出。

2.2.2 VR眼镜

如果说VR头盔瞄准的是虚拟现实“高端市场”，那么VR眼镜则是目前最接近消费者的一种产品形态。目前，移动VR可分为两种产品，一种是类似谷歌Cardboard的眼镜盒子；另一种是三星Gear VR。

1. 三星Gear VR

新一代Gear VR头显同Gear VR版本一样，售价为99美元，兼容S7、S7 Edge、S6、S6 Edge、S6 Edge+、Note 5在内的旧机型。

配置方面，三星Gear VR（图2-18）二代头显相比上一代相差并不算很大，由96° 视场角提升至101°，质量达312 g，触摸板改回了最开始的Gear VR创新板的样式（无十字凹痕），返回键旁边新增了一个Home键，这样可以一键返回主页，无须长按返回键，这点比Gear VR一代更方便快捷。

图2-18 三星Gear VR

新一代Gear VR的衬垫更加厚实，头戴也做了调整，整体佩戴起来更加舒适，为了兼容最新智能手机的配置，三星新一代Gear VR特地采用了Type-C的接口，不过为了不影响旧机型的体验，Gear VR二代也配备了Micro-USB接口，用户可以任意切换两种接口。

2. 谷歌Daydream View

Google在2016年秋季新品发布会上发布了VR头戴显示设备Daydream View，售价79美金。Daydream View并不是一个孤立的VR头盔，用户需要同时配备可运行Daydream Ready的智能手机，以及专为Daydream设计的App等。2016年11月10日，Daydream View开售，Daydream平台发布，如图2-19所示。

图2-19 谷歌Daydream View

相比Cardboard，Daydream View的外观是相当大气的，它使用了更柔软的纤维材质和橡胶材质，质量不足200 g，佩戴感更良好，相比Gear VR要轻30%。并且对近视用户也友好，不需要再摘掉眼镜了。Daydream View拥有90° 视场角，头显前盖可以伸缩以适应不同尺寸的手机，最新款Gear VR的视场角则为101°，略胜Daydream View。

Daydream View配备的无线控制器内置了陀螺仪，可以检测到方向、行动以及加速，类似于Gear VR和Cardboard的位置追踪功能。前面板仅有一个触控板和两个按键，支持用户能像激光笔一样点选VR菜单栏。这种无线控制器通过 USB-C充电，一次性可以使用12个小时。而三星的Gear VR主要是通过头显右侧的触摸板进行交互，尽管其给予的体验并不差，但没有体感交互很难创造更为沉浸的VR体验。

3. 小米VR眼镜

2016年8月，小米VR眼镜（图2-20）玩具版发布，截至当年10月已经售出40万台。2016年10月月底，小米VR眼镜正式版也与大家见面了，提供遥控器，售价为199元。

小米VR眼镜采用柔软海岛绒，亲肤细腻全覆盖，佩戴舒适：一体化头戴设计分散压力。物距调节轮：最大支持600° 近视、200° 远视。具备距离传感器：检测是否戴上设备并立即启动。

性能方面，内置独立运动传感器，灵敏度提升16倍；具备16毫秒超低延迟，极大减低眩晕。

小米VR眼镜正式版发布时的售价为199元，一个相当亲民的价格。支持小米Note 2、小米5/5 s系列等机型。

小米VR眼镜还提供了一款9轴体感手柄，支持触摸操作；采用特制MIUI VR系统，内含500+全景视频、30+VR应用。

图2-20 小米VR眼镜

4. 暴风魔镜Matrix

暴风魔镜最新推出的高端VR一体机Matrix以超轻佩戴舒适、没有眩晕不适感、视觉极致清晰并可随时随地进入VR神奇世界的交互体验，赢得了大量用户的关注，如图2-21所示。

暴风魔镜Matrix采用了全新分体式设计，头显质量降到了230 g的超轻级别。比三大头显质量减小50%以上，头显尺寸为184×54 mm，实现了极致轻薄。

Matrix大胆启用VR最高清3K显示屏幕，分辨率为1 440×1 440×2，PPI高达705，刷新率为90 Hz，让VR一体机的清晰度水平进入了3K时代。在高清显示的同时，Matrix也做到了110°的超大视场角，并将延时降低到17 ms以内，真正给用户带来高清、低眩晕和全沉浸式的VR新体验。暴风魔镜Matrix售价2 499元。

5. 大朋M2 Pro

新一代M2 Pro采用了2.5K三星AMOLED柔光护眼屏，AMOLED屏具有低余晖、无重影的特点，将传统LCD屏的有害蓝光基本全部消灭。M2 Pro采用的是全球首款14纳米处理器——三星Exynso 7420，通过对底层算法的深层优化，M2 Pro的CPU主频可达2.1 GHz。

全新的M2 Pro可搭配M-Polaris定位交互系统，实现移动VR自由交互。这套定位系统可实现毫米级的动作捕捉，从此用户不再是虚拟世界的旁观者，而是可以参与到VR冒险之旅，与虚拟世界进行交流。大朋VR还对一体机系统进行了深度优化，锁定了处理器极限频率，从而大幅降低了画面延迟。另外，低延迟也不会被交互过程中的画面晃动影响，体验质量相当稳定。

M2 Pro将采用基于安卓系统深度定制优化的VR OS，只要学会几个物理按键，如电源开关、音量±键、触摸面板，就可以在虚拟世界策马奔腾了。除clean（应用清理）、WiFi、蓝牙、下载、收藏、历史、音量、亮度调节等功能外，新系统还独家支持全景图片浏览。大朋VR一体机M2 Pro官方售价3 299元，如图2-22所示。

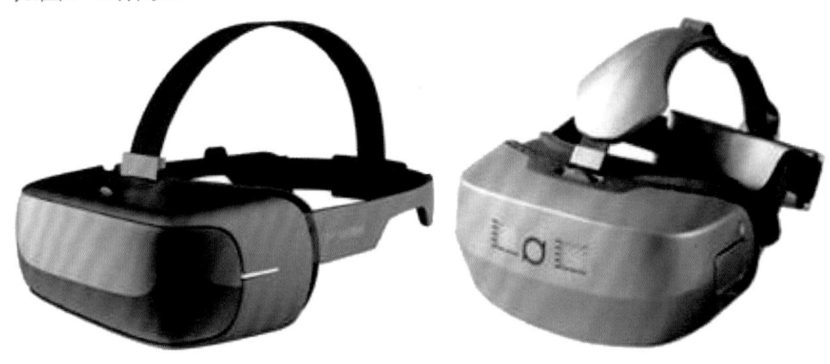

图2-21 暴风魔镜Matrix　　图2-22 大朋M2 Pro

※ 2.3 虚拟现实 APP 认知

随着VR内容的逐渐丰富，国内越来越多的VR类APP也随之上线。那么，在这些APP之中，谁最受用户的欢迎呢？与其他类别的热门APP相比，VR类APP的表现又如何？首先，先借助最专业的APP数据分析平台App Annie，选择了10个国内最具代表性的VR类APP，来看下它们的排名情况，具体见表2-1。

表2-1 VR类APP排名

APP	娱乐排名 / 名	全部排名 / 名
暴风魔镜VR	54	659
优酷VR	62	771
爱奇艺VR	66	817
3D播播	75	927
橙子VR	84	N/A
Uto VR	357	N/A
VR热播	365	N/A
Pico VR	511	N/A
乐视VR	620	N/A
榴莲VR	748	N/A

2.3.1 暴风魔镜VR APP

暴风魔镜VR APP（图2-23）是一款拥有海量VR电影、全景视频和3D游戏的高清VR内容平台。配合虚拟现实设备可以感受沉浸式视频和炫酷VR游戏的无限魅力。其产品特色是能够带给人们海量高清VR3D大片震撼体验。

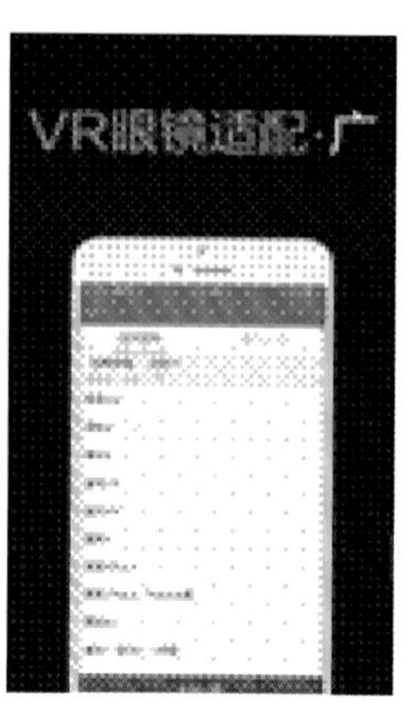

图2-23 暴风魔镜VR APP

2.3.2 优酷VR APP

优酷VR APP（图2-24）是优酷官方推出的VR播放器，优酷VR APP主要为用户提供众多VR视频资源。通过这个平台，观众可以裸眼观看360°全景视频，也可以通过VR眼镜类设备进行观看。依托优酷海量的视频内容和智能推荐算法，观众将获得最新、最全的个性化视频观看体验。

图2-24 优酷VR APP

2.3.3 爱奇艺VR APP

爱奇艺VR APP（图2-25）是爱奇艺发布的VR生态圈应用。爱奇艺VR APP能够播放3D视频、360°全景视频等，爱奇艺将作为内容平台，为视频浏览者、设备生产商、内容生产商提供相关的服务。

爱奇艺推出的虚拟现实VR平台手机软件APP，配合旗下VR显示设备可以让用户体验VR虚拟现实视频的效果，让客户可以在手机上感受到虚拟现实的魅力。

图2-25 爱奇艺VR APP

2.3.4 橙子VR APP

橙子VR APP（图2-26）是一款能提供3D视频播放的应用，支持大部分VR眼镜，拥有专业的VR解码技术，是2017年最受欢迎的VR应用，率先突破了1 000万用户。

图2-26　橙子VR APP

2.3.5　Uto VR APP

Uto VR APP（图2-27）是一款专业的全景视频平台，在Uto VR APP中，观众可以享受到极致的360°无死角的全景视频观看体验，让观众的视野不再被屏幕所束缚。

图2-27　Uto VR APP

2.3.6　VR热播 APP

VR热播APP（图2-28）是一款专业的VR全景视频播放器，VR热播APP集成大量精彩原创VR视频，适配各款VR终端设备。它能够为用户提供国内外最火爆的VR全景视频资源和热波科技独家自制内容。与此同时，它还推出“VR开关”，一键切换VR眼镜模式，自动开启陀螺仪与双屏播放。非VR眼镜模式下也可单屏划动屏幕欣赏全景影片。

图2-28　VR热播 APP

2.3.7　乐视VR APP

乐视VR APP（图2-29）是一款由乐视提供的VR虚拟现实内容体验平台。它聚合了优质丰富的VR视频、VR影视、VR电影等VR资源。它支持市面上主流的VR眼镜、VR头盔等VR硬件设备。通过先进的VR技术提供VR全景互动视频、VR视频全景，VR电影、3D本地播放、兼备VR播放器功能。该平台依托乐视云技术实现视频2K传输，通过互动打点功能实现用户与VR影视的深层互动。同时，它也是国内首先实现对VR眼镜外置陀螺仪的支持，有效解决虚拟场景中的漂移问题，降低了用户眩晕感。

图2-29　乐视VR APP

思考题：

1. 在虚拟现实系统中，主要的硬件设备有哪些？各有何作用？

2．立体眼镜的工作原理是什么？
3．头盔显示器有哪些类型？各有什么特点？
4．数据手套有哪些类型？各有什么特点？
5．常用的运动捕捉技术有哪些？
6．墙式投影显示设备有哪些？分别有什么特点？
7．虚拟现实目前有哪些APP？分别有什么特征？
8．虚拟现实的典型产品有哪些？分别有什么特征？

第3章 虚拟现实在各领域的应用

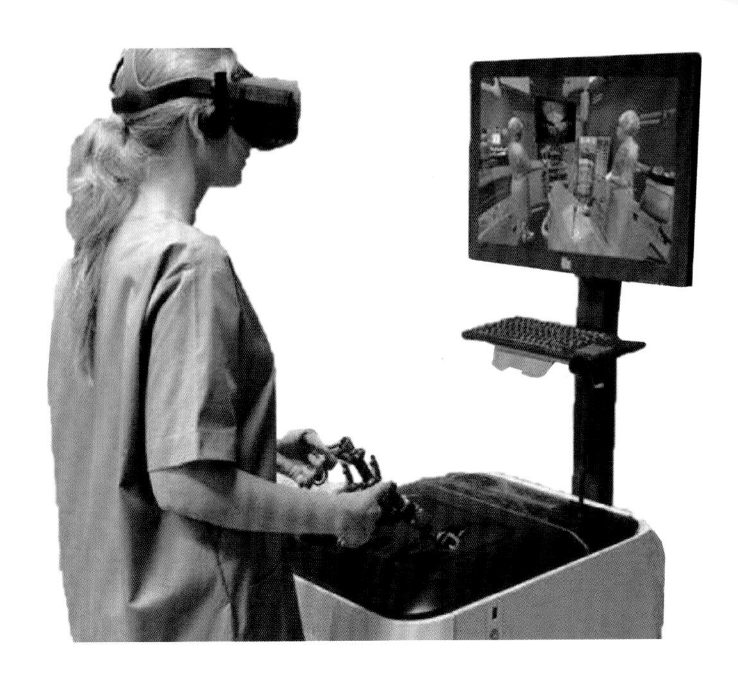

对于大部分人来说，现阶段的虚拟现实设备更多的是作为“游戏外设”被大家所认知的，当然像主流的头显设备Oculus Rift、HTC Vive、PSVR等主要针对游戏玩家群体。即使这样，也不意味着虚拟现实除了游戏之外就别无用处了，相反，其实虚拟现实技术已经在许多行业和领域当中得到运用，甚至已经在深刻影响和改变各个行业的格局。当你清楚地了解到受虚拟现实技术影响的领域后，就会发现这项技术其实离我们越来越近了。

美国航空航天局（NASA）的科学家有一个艰巨的任务——寻找其他星球上的生命。这就是为什么他们希望用前沿的虚拟现实技术来控制火星上的机器人，以及提供给宇航员一种方式来减轻压力。在美国航空航天局喷气推进实验室，研究人员把Oculus Rift和Kinect 2的运动捕捉设备，以及Xbox One游戏主机连接起来，来练习控制机械臂。据NASA说，这套设备有一天可以被用来控制火星车或者其他几百万英里以外的设备。通过往这套设备里添加Virtuix Omni跑步机，研究者也可以模拟在火星表面行走，让宇航员为未来人类登陆火星做准备。

在2016年的消费电子展上，NASA使用该技术与公众分享不同宇宙飞船里面的体验。人们可以通过虚拟现实看到该机构“太空发射系统”火箭顶部的“猎户座”太空舱外的美景，而后者要2018年才能建成，如图3-1所示。

虚拟现实可以给我们的生活增添很多文化氛围。该技术可以将用户立刻传送到巴黎卢浮宫、雅典卫城以及纽约市的古根海姆美术馆，并在一天之内游遍。事实上，一些博物馆已经与开发商合作创建虚拟空间，人们可以体验到博物馆的实体馆藏。2015年，伦敦大英博物馆推出了第一个虚拟现实周末，纽约的美国自然历史博物馆也推出了一些可以通过谷歌的纸板眼镜来欣赏的馆藏。任何有一部智能手机和一个纸板VR头显的人都可以马上参观该博物馆，如图3-2所示。

图3-1 虚拟现实在航空领域的应用

图3-2 虚拟现实在博物馆的应用

上述两个例子是虚拟现实在航空领域和博物馆的应用。除带给人们惊喜外，还让人期望虚拟现实在其他领域也有所作为。那么，虚拟现实还在哪些领域发挥了巨大的作用呢？让我们一起在本章中寻找答案吧。

※ 3.1 虚拟现实在医疗健康领域的应用

伴随着社会经济的发展，医院已经不仅仅是治疗疾病的场所，它已经逐渐演变为集诊疗、保健、预防、康复、科研与教学等多项功能的综合场所。在这样集多项功能于一身的场所中，如何缓解临床医学教育与医疗资源紧张之间的矛盾，如何使病人在不知不觉中接受治疗，这就要求对医疗环境进行优化。虚拟现实技术和设备的迅猛发展，再加上其与传统医疗行业的结合，对疾病的诊断、康复及医疗教育培训都起着推波助澜的作用。

3.1.1 虚拟现实技术在医疗教育与培训方面的应用

医学教育培训的目的是培养能够有效救死扶伤的医务人员。医疗教育比较特殊，它是一门注重实践的学科。在医疗学习的起始阶段，在医学院中学习的学生需要动手练习，但医学生人数众多，传统练习的标本往往信赖于捐赠的遗体，而动物和人体标本数量有限且成本昂贵。这就使得学生们的练习机会有限，无法达到熟练操作的地步。因此，医学院培养学生、医院培养合格的医疗人员都是一项成本损耗高、培训时间久、教育风险高且不可逆转的一项工作。如果将虚拟现实技术引入医学科学的研究中，给临床医生和学生提供虚拟的手术环境，让他们对计算机生成的人体器官反复进行手术模拟，研究手术方案，练习协同手术，直至配合默契，这就能够较好地解决医学教育培训中所不可避免的问题，可以给学生提供更多的学习和练习机会，在降低学生教育培训成本投入的同时，还可以缩短学生从新手到熟手的时间。

1. 手术培训

80%的手术失误是人为因素引起的，因此手术观摩和手术训练极其重要。未来的手术医生在真正走向手术台前，需要进行大量的手术观摩和精细的手术训练。虚拟现实与医疗行业的结合就能做到这点。虚拟现实的可视化仿真技术和压力反馈技术可深入结合，现场观摩的医学生们戴上虚拟现实眼镜，可以看到手术室内主刀医师的神态、表情、动作。通过360°视频、3D技术及交互式内容，医学生们能观看手术的操作过程，使其有身临其境的感觉。另外，虚拟现实环境可以建立虚拟的人体模型，再借助跟踪球、头戴式可视设备、数据手套，受训者可以轻而易举地熟悉人体内部各器官的结构。而虚拟现实系统还可为医学生们提供理想的手术训练平台。受训医生观察高分辨率三维人体图像，并通过触觉工作台模拟触觉，让受训者在切割组织时感受到器械的压力，使受训者操作的感觉就像在真实的人体上手术一样。既不会对病人造成生命危险，又可以重现高风险、低概率的手术病例，可供培训对象反复练习。在虚拟手术后，系统还可以通过对切口的压力与角度、组织损害及其他指标的准确测定，监测受训练者手术操作技术的进步，如图3-3～图3-17所示。

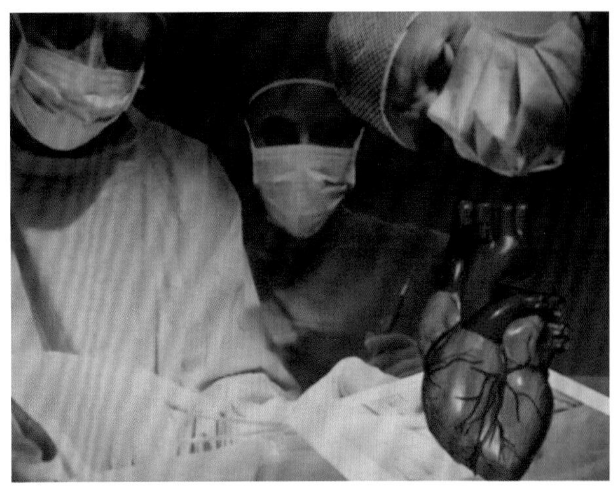

图3-3 模拟手术演练（一）

图3-4 模拟手术演练（二）

图3-5 模拟手术演练（三）

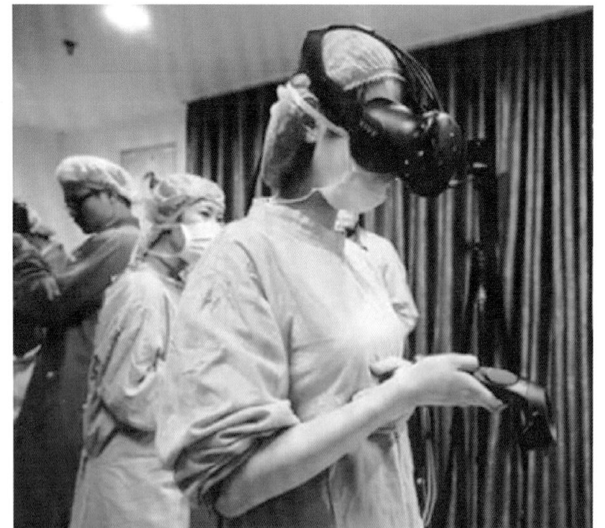

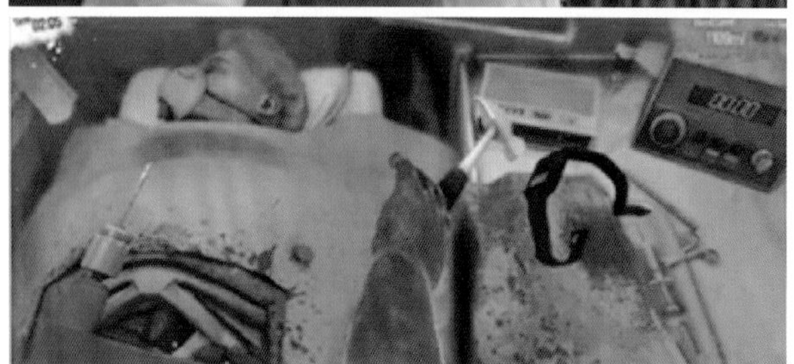

图3-6 模拟手术演练（四）

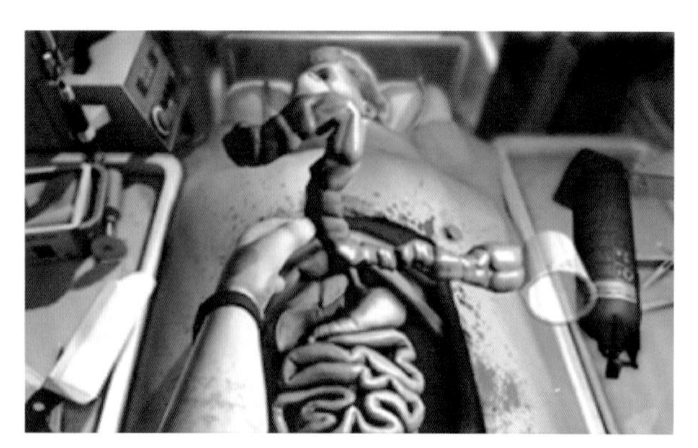

图3-7 模拟手术演练（五）

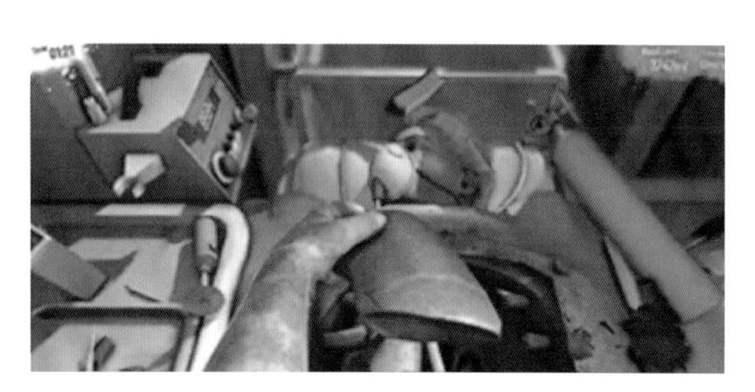

图3-8 模拟手术演练（六）

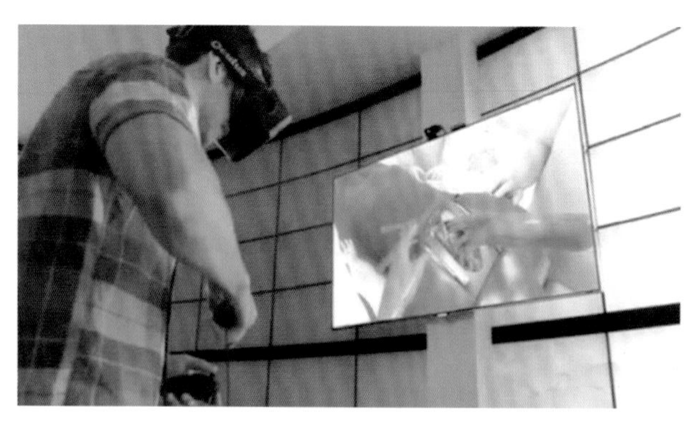

图3-9 模拟手术演练（七）

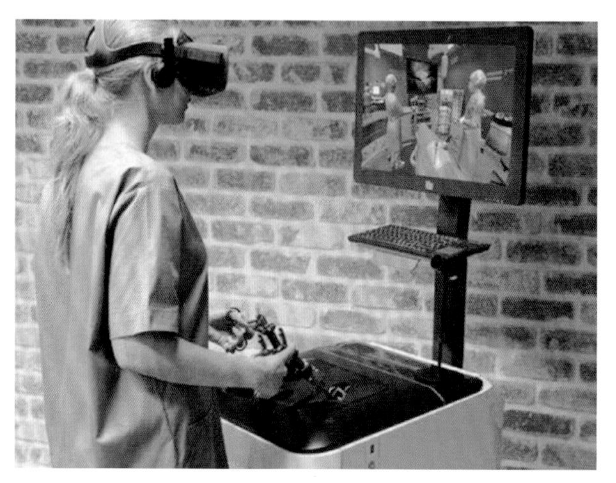

图3-10 模拟手术演练（八）

图3-11 模拟手术室环境（一）

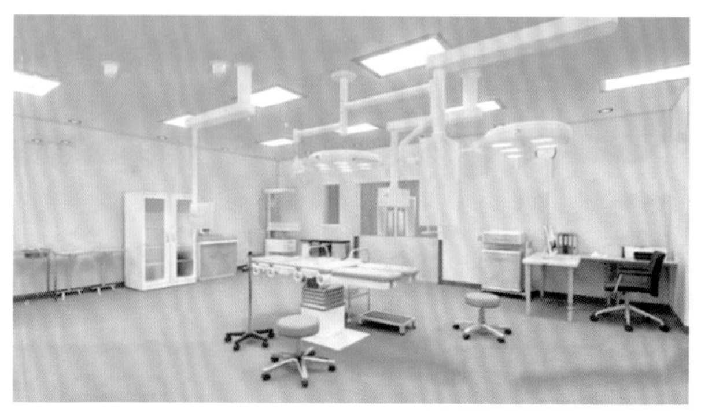

图3-12 模拟手术室环境（二）

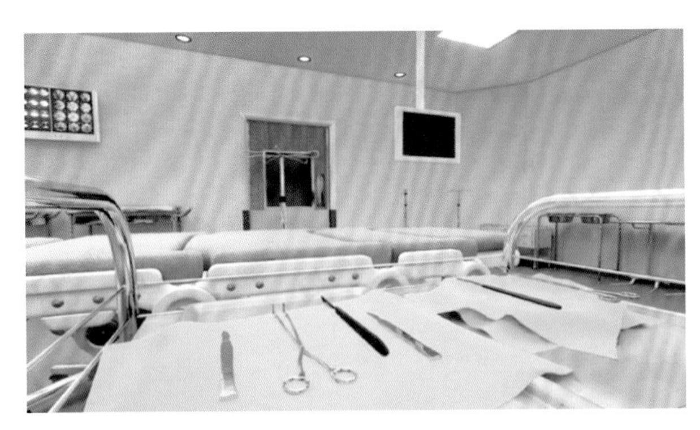

图3-13 模拟手术室环境（三）

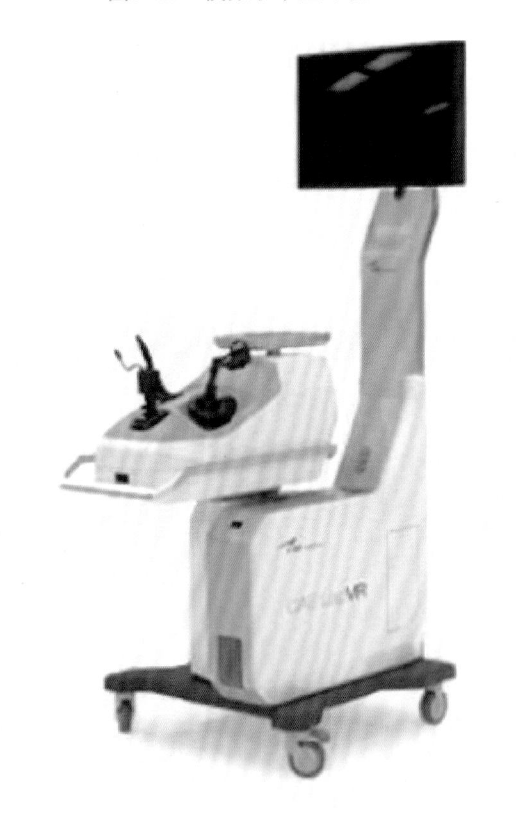

图3-14 虚拟腹腔镜

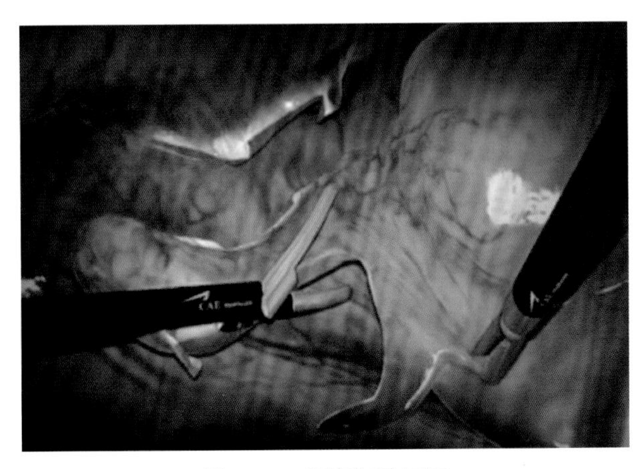

图3-15 胆囊切除画面

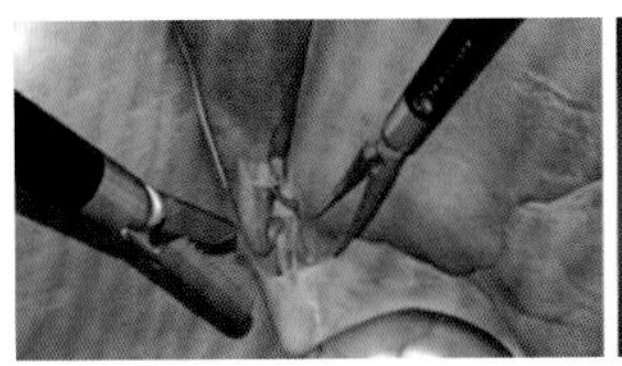
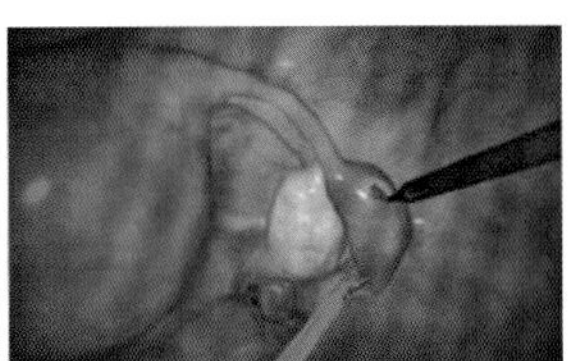

图3-16 模拟阑尾切除、胆囊切除基本技能训练

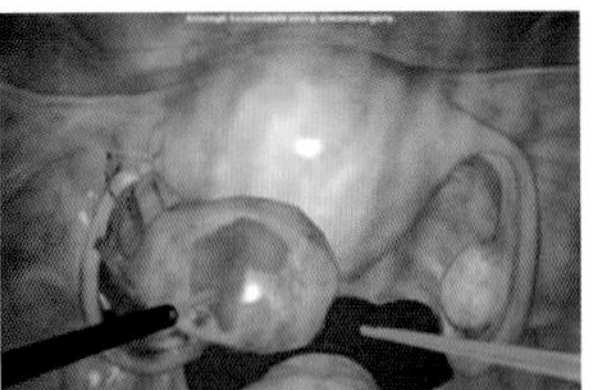

图3-17 模拟妇科手术、腹腔镜基本技能训练

2. 临床医学教育

传统的临床医学教学模式是在现实的医疗环境中，在临床医师的指导下，将病人作为直接的教学对象，培养医学生采集病史、检查体格、临床诊治、技能操作，如骨穿、胸穿、腹穿、腰穿、无菌术、铺巾、切开、缝合等临床实践能力。但随着《中华人民共和国执业医师法》的出台，患者对医疗结果期望值的升高和自我保护意识的不断增强，使得医学生临床实践活动和临床技能训练的机会较之前严重减少。

再者，伴随着医学教育规模的扩大，学医学生人数的增加，需要越来越多的临床见习教学资源。但与理论教学相比，临床医学教学资源呈现出紧缺的现象。传统的临床医学教育体系已经不能适应高等医学教育以及继续医学教育发展的需求。要较好地应对上述难题，可将虚拟现实技术引入临床医学教育中。医师们可将一些常见病、多发病的症状体征设定为参数，结合虚拟人体模型，建立仿真医疗情境。在仿真医疗情境中，医学生可以在理论学习的基础上增强感性认识，提高教学效果。

另外，医疗领域的知识量每6～8年就要翻一番，所以外科大夫在专业教育上尤其是在医学继续教育上需要不断学习新技术，且继续学习的成本相当高昂。而依托虚拟现实直播技术，可以帮助医师们通过全面、真实的场景，打破时间、地域、医疗教学条件等各种限制，为大家提供一个真实生动、沉浸式的学习交流环境，帮助医院及医疗机构节省重复投入的教育培训资金，解决基层医生急需精进培训的需求与顶尖专家教学时间有限之间的矛盾，如图3-18～图3-33所示。

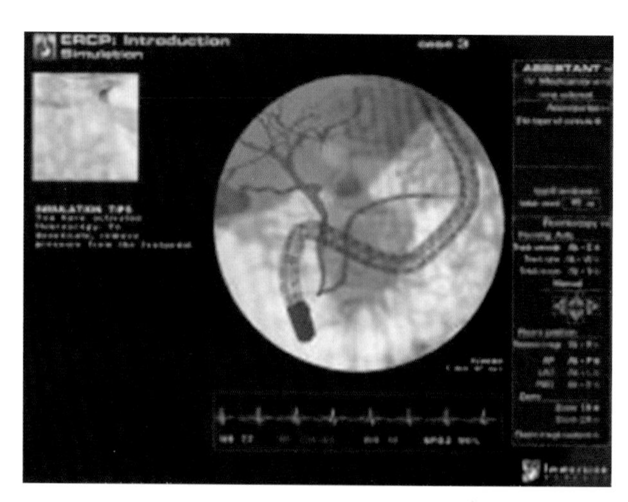

图3-20　虚拟胰胆管造影画面

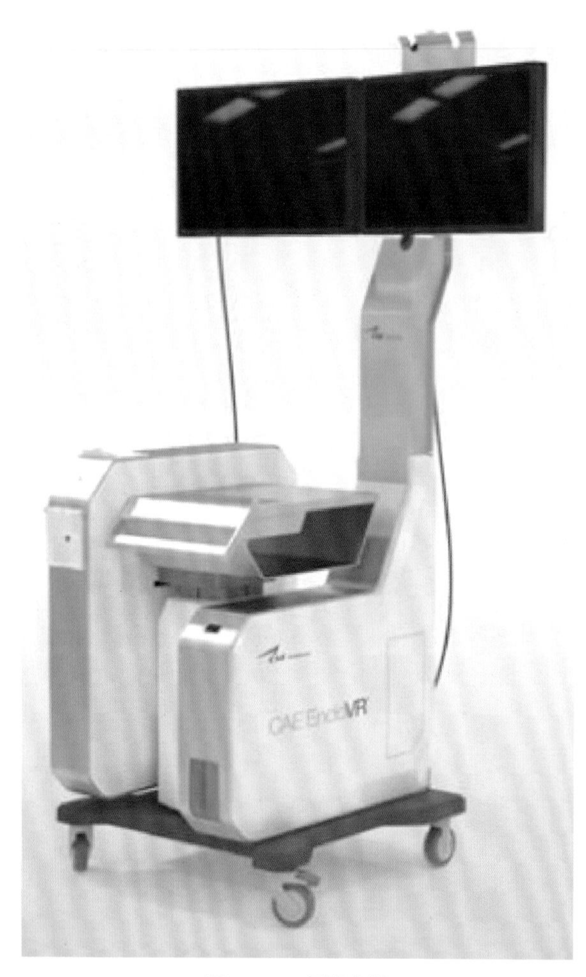

图3-18　虚拟内镜

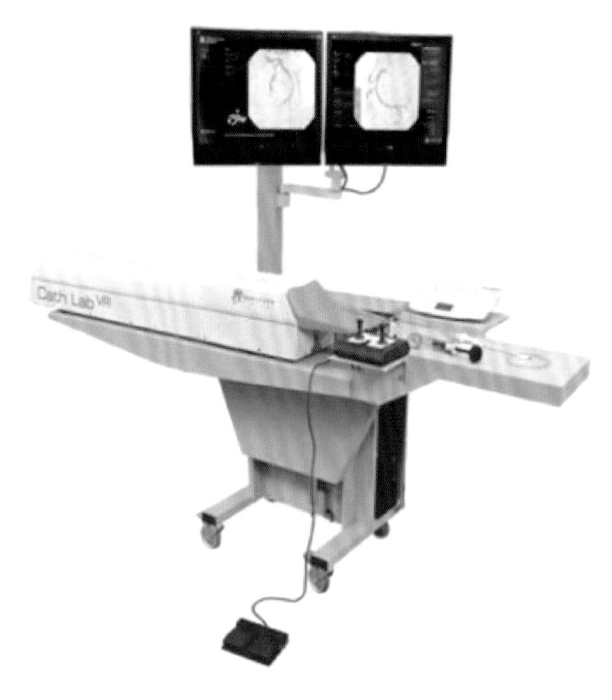

图3-21　虚拟介入

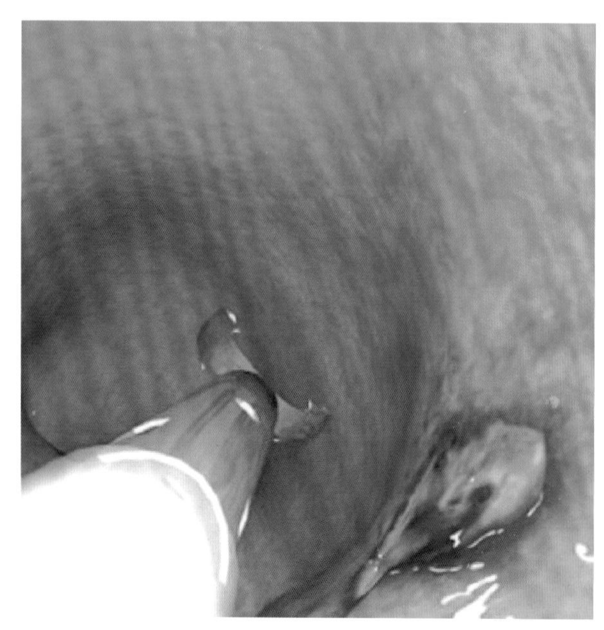
图3-19　虚拟胃溃疡画面

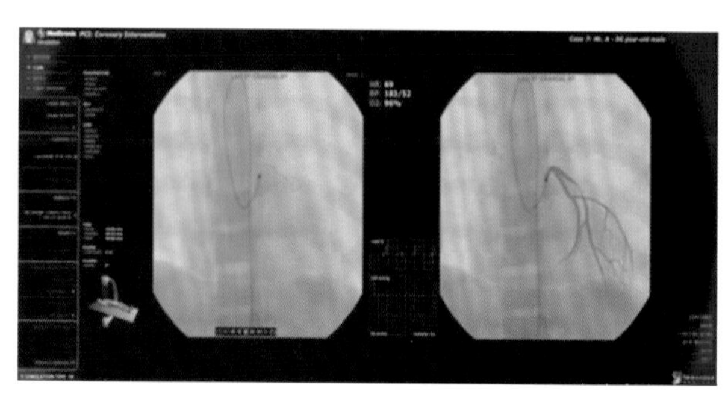
图3-22　虚拟冠状动脉介入术画面

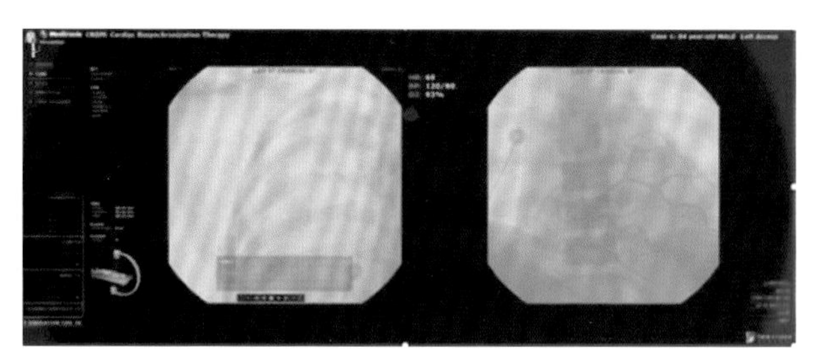
图3-23 虚拟心节律控制（CRDM）画面

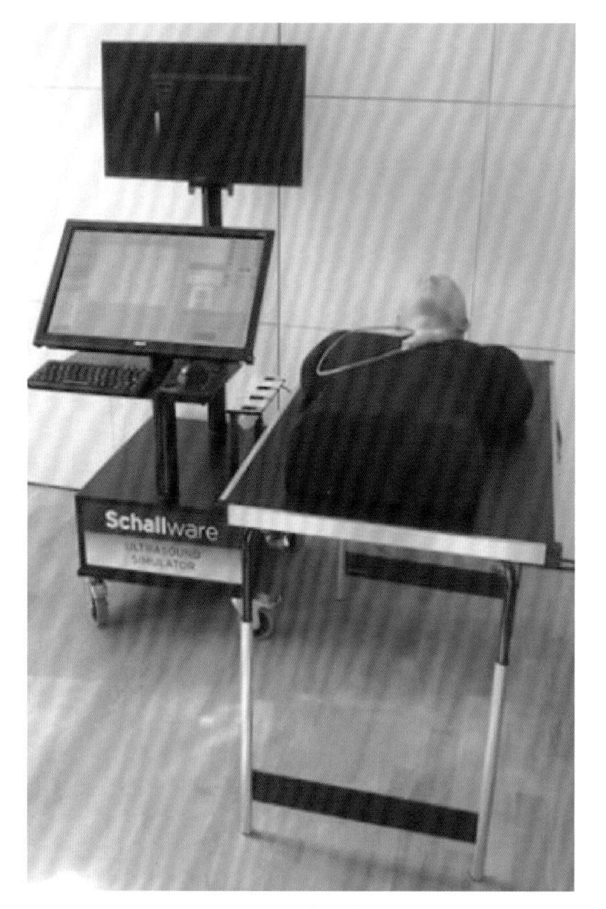

图3-24 虚拟超声

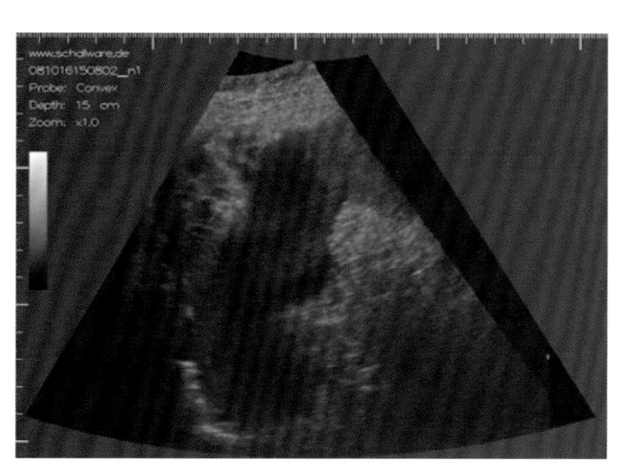

图3-25 虚拟脾破裂超声画面

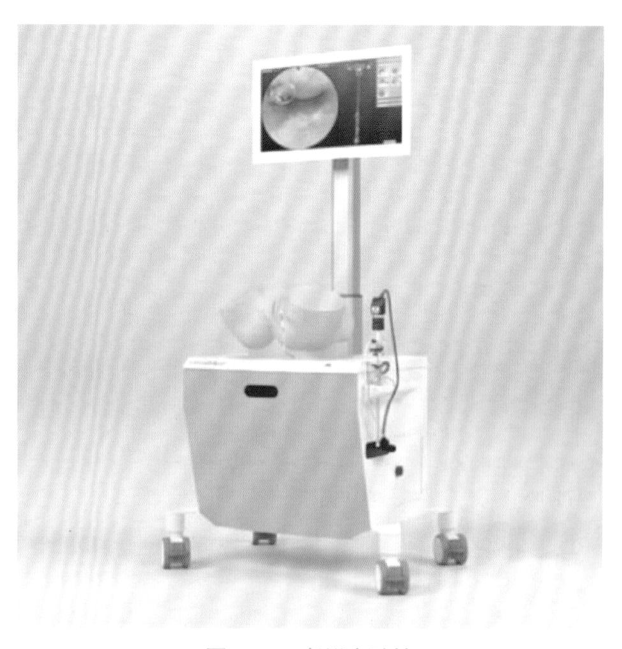
图3-26 虚拟宫腔镜

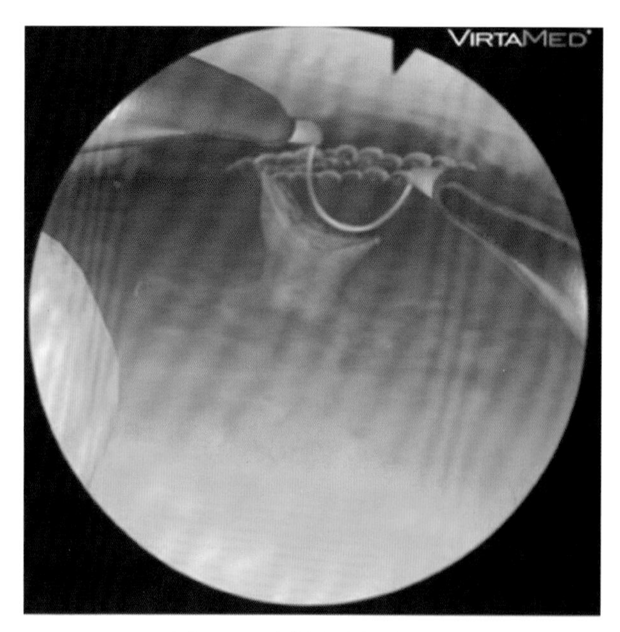

图3-27 虚拟息肉切除画面

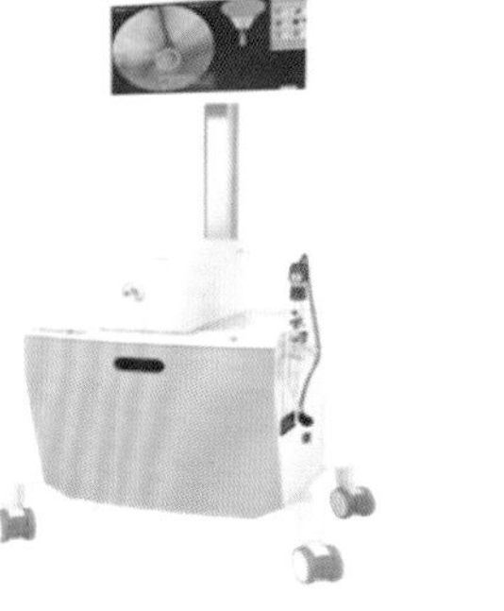
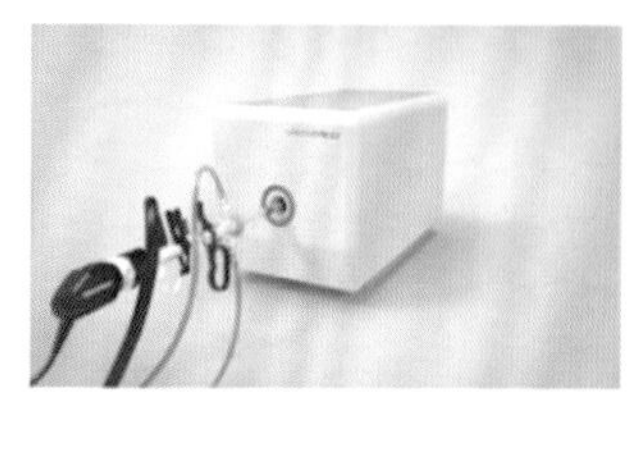
图3-28 虚拟前列腺镜

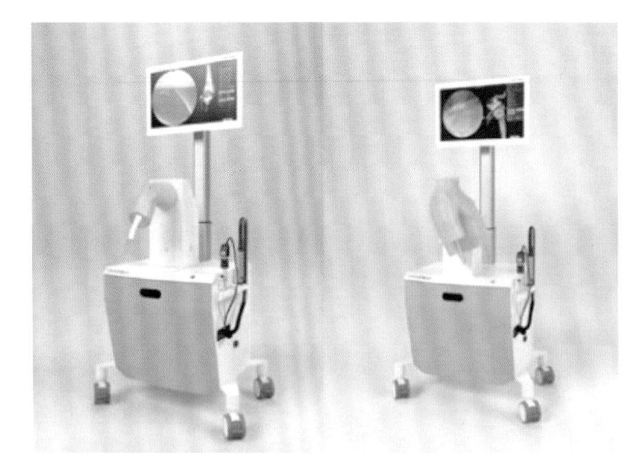

图3-29　虚拟关节镜

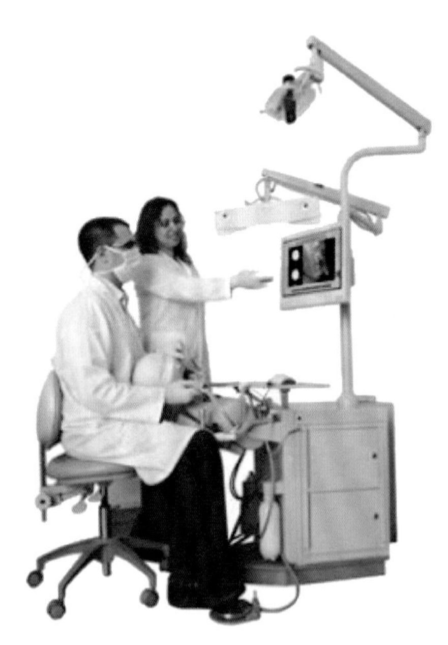

图3-30　虚拟口腔教学系统

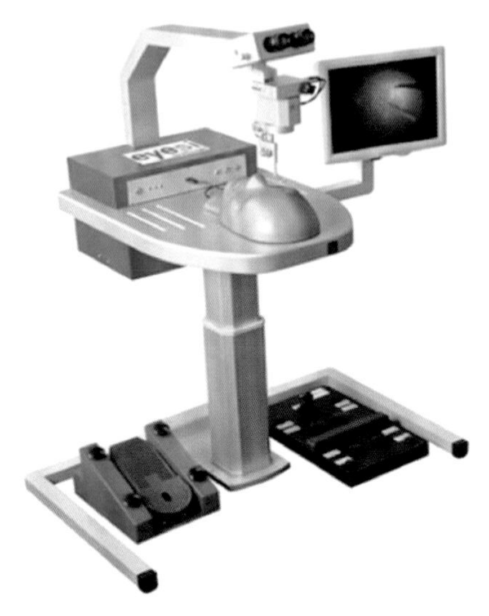

图3-31　虚拟眼外科手术训练系统

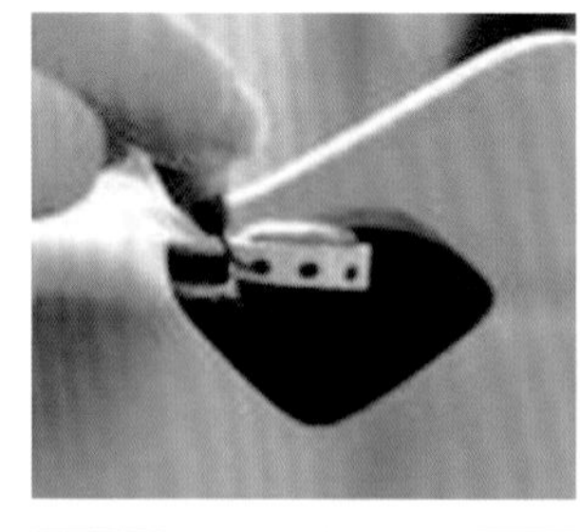
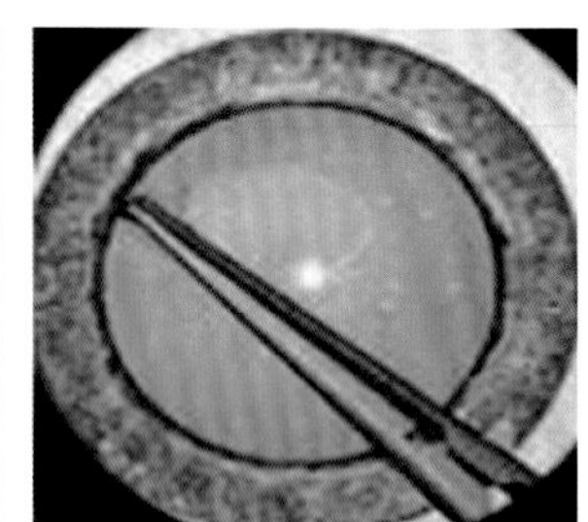
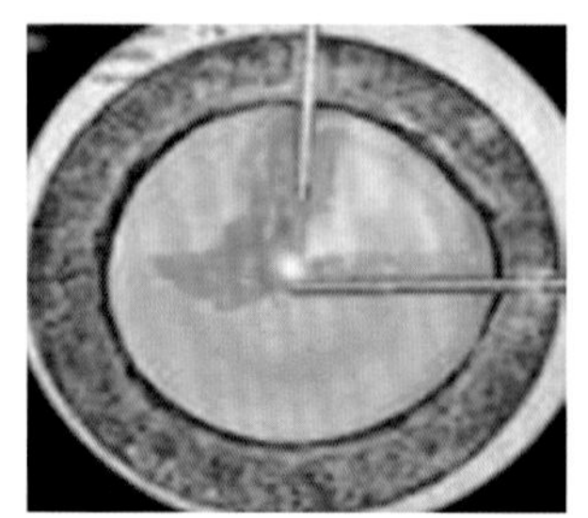
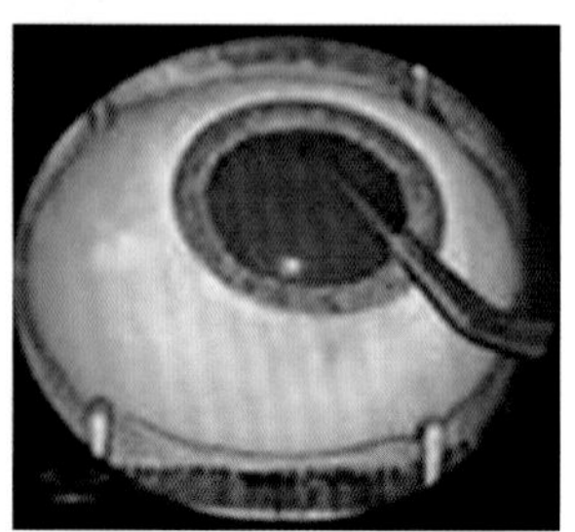

图3-32　虚拟手术画面

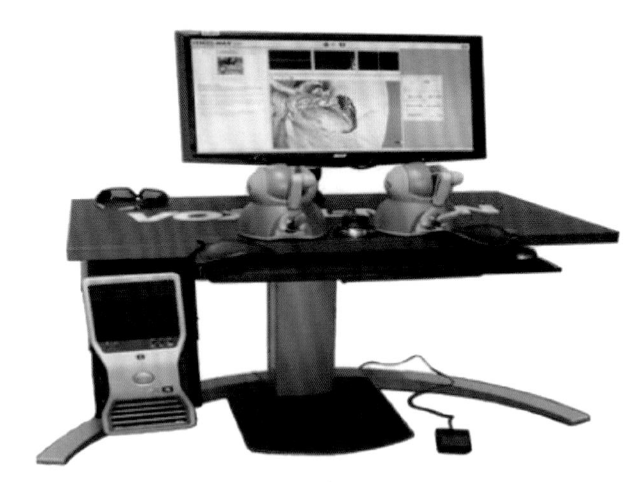

图3-33　虚拟耳鼻喉手术训练系统

3.1.2　虚拟现实在手术预演的应用

在传统的手术前，医疗组的医生们会制订一套手术方案，然后根据医生大脑中形成的三维印象进行手术。但手术方案质量高低，往往依赖于医生个体的外科临床经验与技能。而虚拟现实技术可利用病人的实际数据形成虚拟图像，在计算机中建立一个模拟环境，医生借助虚拟环境中的信息进行手术预演，制订出合理、量性的手术方案。这对于最佳手术路径的选择、减小手术损伤、减少对临近组织损害、提高肿瘤定位精度、执行复杂外科手术、提高手术成功率有很大的帮助。

目前，研究人员正致力于将该项技术运用于诸如肝脏、心脏等人体软组织器官的医疗中。法国医生运用手术机器人对肝癌患者进行手术治疗。由于肝脏的解剖结构特殊，血窦丰富，血管分布密集，因此给传统的外科治疗手术带来了相当大的困难。若运用虚拟现实技术将核磁共振成像和扫描技术等医疗成像资料数据在计算机中重构病患需要进行手术治疗的器官的三维图像模型，仔细确认和分析病灶部位，便可以使手术机器人准确无误地开展手术，从而降低手术风险，减少病人痛苦。

美国斯坦福大学的查尔斯·泰勒发明了一种虚拟现实系统，它可以帮助外科医生在进行手术前观察心脏手术的结果，从而可以先观察手术中可能发生的状况，先商讨出最佳的手术方式及做好预防措施。通过患者的血管和血流影像，这套系统将可以预测不同手术的可能结果，从而拯救更多患者的生命，避免患者进行多余的手术，如图3-34～图3-36所示。

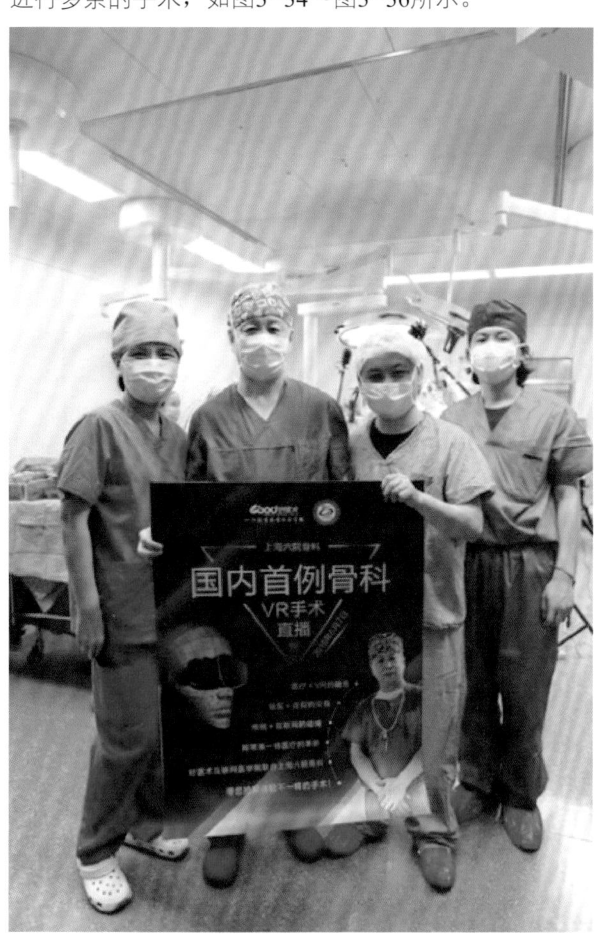

图3-34　中国首例骨科VR手术直播

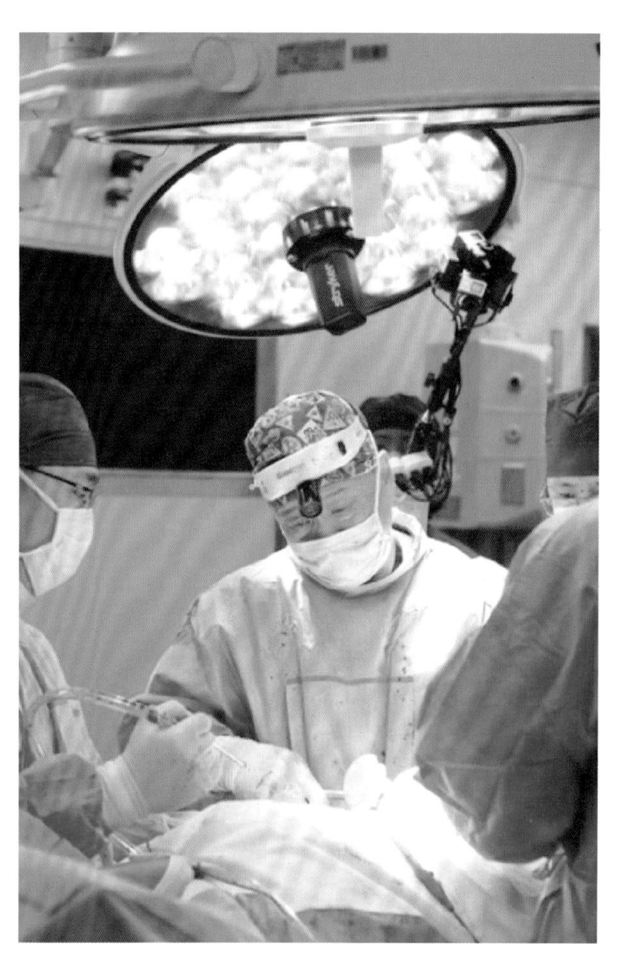
图3-35　张教授正在认真做手术

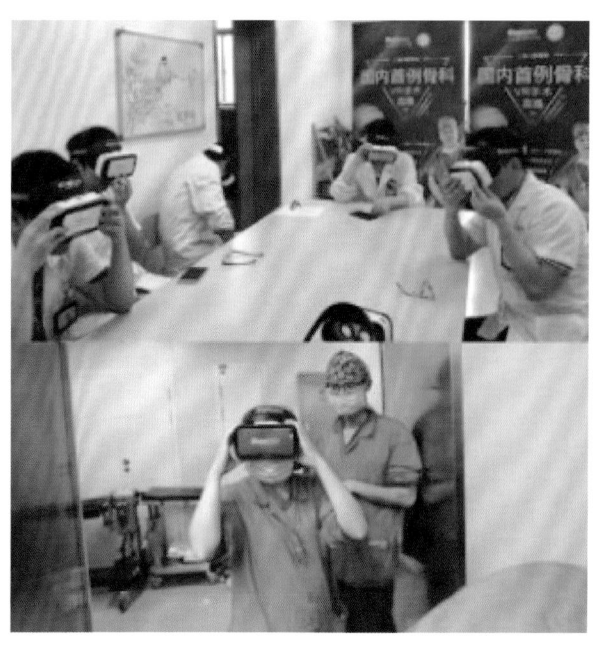

图3-36　手术室外，医生佩戴VR眼镜观看张教授手术

3.1.3 虚拟现实在神经心理学方面的应用

治疗焦虑混乱的暴露疗法是虚拟现实技术通过提供动态的三维场景来支持。虚拟现实暴露疗法（Virtual Reality Exposure Therapy，VRET）是行为疗法转化而来的。使用这个方法治疗的过程中，病人真实的焦虑情形是由暴露于引起焦虑的虚拟环境来代替的。治疗师通过计算机键盘来控制虚拟环境，确保对所生成情景的全部控制。在虚拟现实暴露疗法中，利用虚拟现实技术创建可沉浸式和能引起忧虑的环境，使得已经濒临消失的情景可以凭借虚拟的环境再现，并延长人们的访问时间。在治疗的过程中，病人暴露于能引起恐惧的刺激中，为了使病人得到渐进和最佳的暴露疗法，医生必须在暴露阶段通过不适的主观方式有规律地估价他们的忧虑。病人按照医生的指导逐步将自己暴露于引起焦虑的环境中，在忧虑减少了之后，被鼓励采取下一步的措施，从而引起更强的忧虑，譬如，再上一层、起飞等。VRET对病人进行认知干预，一般使用暴露技术和鼓励的方法，使患者尽可能地沉浸和将精力集中到虚拟环境特殊部分中最令人恐惧的刺激。

虚拟现实技术疗法在治疗外伤导致的精神压抑、成瘾行为等疾病方面被人们看好，前景广阔。另外，它在牙科治疗、理疗、化疗中也起到分散病人注意力的作用。因此，目前它逐渐被美国的一些医院使用。

1. 恐惧症的治疗

人们对没有危险的物体或情形感到害怕、恐慌或焦虑，这种不切实际或者过分的恐惧称为心理混乱。恐惧症是焦虑混乱的最普通的形式，譬如，恐高症、飞行恐惧症、蜘蛛恐惧症、旷野恐怖、社交恐怖等。虚拟现实暴露疗法被人们用来治疗恐惧症。譬如，害怕飞行症的治疗就是用了这种疗法。运用此种疗法来治疗飞行恐惧症能够起到使患者的费用减少、隐私得到保护，确保患者的安全性等作用。整个治疗过程是在治疗师的办公室中进行的。在治疗过程中，患者坐在由计算机生成的虚拟飞机的客舱内，戴上由双眼显示屏幕、耳机和跟踪器组成的头盔式显示器，由治疗师控制虚拟飞行的航程和时间。随着患者的移动，虚拟世界也随着移动，创造了真实飞行的视觉和感觉，使其完全沉浸其中。在虚拟飞行的每个阶段，治疗师可以看到和听到病人在虚拟飞机里正在体验什么，还可以指导患者利用有效的技巧去减少他们的焦虑。

2. 心理方面的治疗

美国开发了一套新的“虚拟现实”治疗系统，用于帮助曾在伊拉克服役的军人们克服因受伤而产生的过度紧张状态。这些士兵从战场返回后常会感到在两个不同的世界中徘徊，就连汽车排出的尾气也会让他们回想起伊拉克。他们试图忘记过去的不幸经历，却怎么也做不到。而“虚拟现实”治疗系统的主要思路是让军人们再次感受在伊拉克执勤时所面临的境况，让患者进入一个计算机虚拟出的伊拉克。这对于改善他们对自己回忆的控制能力有所帮助，也能够帮助那些出现精神问题的士兵们摆脱以往痛苦作战经历的困扰，重返正常的生活状态。这种高技术治疗手段就像是一种独特的电子游戏，它使患者可以在不知不觉中接受治疗，也更容易被患者接受，如图3-37所示。

图3-37 治疗退伍老兵的创伤后遗症

3. 疼痛的处理

虚拟现实系统是通过使病人产生足够的沉浸，有愉快感觉的输入，转移病人的疼痛，来帮助病人处理疼痛。目前，世界上第一种专门用来治疗烧伤后遗症的虚拟环境是“雪世界”。它是通过将病人的注意力转移到虚拟世界中，让病人在接受治疗过程中，感受飞越冰封的峡谷，向雪人抛雪球，观看企鹅和爱斯基摩人的圆顶雪屋等，从而忘记疼痛，如图3-38所示。

美国临床心理学家David Patterson利用虚拟技术为一名烧伤患者进行治疗。原本，这名患者接受的是常规物理疗法康复练习，他感到相当痛苦。后来，他改用了虚拟现实疗法。病人的思想完全被游戏占据了，完全没有感觉到自己是在进行治疗，暂时忘记了病痛，加速了他复原的速度。

图3-38 缓解疼痛的VR游戏SnowWorld

※ 3.2 虚拟现实在旅游行业的应用

2017年1月9日，国家旅游局发布数据显示，全年国内旅游44.4亿人次，同比增长11%；国内旅游总收入3.9万亿元，同比增长14%。从这份数据中可以看出，我国旅游业发展势头强劲，但是作为朝阳产业的传统旅游业也存在着不足之处，如性价比失衡、客流人数远超旅游景区的负荷，营销包装过度化。在此种情况下，相当一部分商家看到了一个新的商机——虚拟旅游。

与此同时，随着社会经济的发展，人们生活节奏的加快，工作压力的增大，经济的宽裕，出门旅游成了人们休闲娱乐、放松心情、减轻压力的可选方式之一。但是，对于大多数人来说，出门旅游的最大难题是有限的假期和精力。尽管有国家法定节假日，但每每到了节假日，各旅游景点都出现人满为患的现象，这使不少打算出门旅游的人望而却步。与其出门感受人挤人的场面，不如待在家中享受悠闲的假日。虚拟旅游的出现，恰好能够解决这一系列问题。

什么是虚拟旅游？虚拟旅游指的是建立在现实旅游景观基础上，利用虚拟现实技术，通过模拟或超现实景，构建一个虚拟的三维立体旅游环境，网友足不出户，就能在三维立体的虚拟环境中遍览遥在万里之外的风光美景，形象逼真，细致生动。虚拟旅游与传统旅游相比，有一定的优势，表现在以下几个方面：交互性，用户可以通过多种交互手段与虚拟旅游中的事物进行信息交流；安全性，在虚拟场景中，人们不用担心发生事故和人身安全等问题；自主性，用户可以自主地选择旅游的时间、地点、方式和途径；超时空性，商家可以将过去、现在、未来的事物单独或有机组合起来呈现给用户；亲民性，虚拟旅游使旅游更加的大众化、平民化，在低消费、低限制的基础上满足弱势人群对旅游的需求，使其获得更好的休闲娱乐体验；环保性，虚拟旅游的产品是由各种数字数据组成的文字、图像声音等虚拟信息，这使得即使客流量再庞大都不会对社会文化、生态环境、历史古迹造成任何影响与破坏。

从2006年开始，“虚拟旅游”开始得到国家的扶植，国家“十二五”规划也对虚拟现实技术发展给予相关政策和资金的扶植。由于有了政策的扶植，各类旅游景区纷纷利用虚拟景区形式为游客提供更多、更直观的信息服务。在2013年，我国已有700多家景区推出了虚拟景区，譬如，五大连池、泰山等自然景区；故宫博物院、成吉思汗陵等人文景区。

由此可见，虚拟现实对于旅游业的发展有极好的推动作用。

3.2.1 景点的开发和规划

虚拟现实技术对景点的开发和规划不仅仅是针对现有景观，还包括了正在规划建设的旅游景点、已经或即将不存在的旅游景观、人类目前无法到达的地方。

针对现有景观的虚拟旅游，虚拟现实技术可以实现三维仿真虚拟模拟，将三维地面模型、景观原貌等巧妙地融合在一起，使游客看到形象逼真的旅游景观，犹如身临其境一般。这对于现有景观不仅可以起到宣传的作用，而且能够在一定程度上满足一些没有到过该旅游景点或是没有能力到该旅游景点的游客的游览和审美需求。例如，北京故宫虚拟旅游、安徽黄山虚拟旅游、西安古城墙虚拟旅游、异国风情虚拟旅游等。

针对正在规划建设的旅游景点，虚拟现实技术起到的是一种先期宣传和吸引游客的作用。在景观建成之前，人们就可以通过虚拟现实技术身临其境般地游览这些景观，待这些景点建成后再实地进行游览观光。当然，在景点建设的过程中，由于有了虚拟现实技术，景区可以预先设计出多组适用的虚拟实景方案，由旅游者自主选择他们所感兴趣和喜爱的虚拟景点。景区负责人可通过旅游者的投票，选定最终实施方案及经费预算，以最低的风险获得最大的效益。

针对已经不存在的旅游景观或是即将不复存在的旅游景观，利用虚拟现实技术，重现旅游景观，可以满足部分人们的好奇心理，也可以给怀旧的人们以某种程度上的心理慰藉。譬如，对于原三峡风景区的虚拟旅游。通过虚拟现实技术，利用原先所有的从航片、卫片得到的数据和实测数据建成地形地貌模型库，再复合以人文景观信息，这样，不仅能够在三峡坝区建成之后，通过虚拟现实技术使得原有雄壮美丽的库区自然、人文景观得以另一种方式的保存，而且使后人能够在其已不复存在的岁月里通过虚拟旅游的方式重新游览这一奇异旅游景观，去亲身认识瞿塘峡的雄壮、巫峡的秀丽、西陵峡的险要。再如，利用虚拟现实系统重现古代社会的建筑文明，人们可以徜徉于古建筑之间，欣赏到千年前古建筑的原貌，感受古代文明的辉煌。这对于喜欢探幽寻古的游人来说，更是难得的视觉享受。

针对目前人类不可能到达的地方的虚拟旅游，虚拟现实技术可以突破时间的限制，将一些需要几十年甚至上百年才能观察的变化过程在很短的时间内呈现给游客，还可以打破空间的限制，让游客进入一些目前不可能进入的空间进行观察，例如，到达月球的太空旅游以及探测火星的星际旅游等。

3.2.2 旅游目的地营销展示

通过虚拟现实旅游，可以将景区特色的第一手资料传递到游客面前，使游客不仅能看到景区的各个细节，还能看到不对外开放或不定期开放的旅游资源。这样，人们对旅游目的地的考查可以在虚拟环境中完成。虽然虚拟现实旅游的产品并不能实现完全替代游客前往目的地度假旅游，但在宣传营销方面，虚拟现实旅游产品能够有效地帮助用户实现“购买前先体验”，根据体验结果，定制出独一无二的旅游路线以及活动行程。例如，阿里旅行将虚拟现实技术引进在线选房，将虚拟现实技术应用在酒店选房中，通过内嵌的虚拟现实功能，阿里旅行APP的用户可以感受从酒店大堂到客房的场景。这些酒店包括三亚的哈曼、国光豪生、凤凰岛等数家奢华度假酒店，以及杭州艺联君亭酒店、白马湖建国酒店等精品酒店。再如大型宋代主题公园清明上河园的实景演出。运用虚拟旅游系统，模拟清明上河园园景鸟瞰三维图景，标出各个节目表演的景点位置，并在相应位置设置节目预览图片及演出时间，如图3-39～图3-50所示。

图3-39 虚拟现实呈现的酒店内景（一）

图3-40 虚拟现实呈现的酒店内景（二）

图3-41 虚拟现实呈现的酒店内景（三）

图3-42　虚拟现实清明上河园展现（一）

图3-43　虚拟现实清明上河园展现（二）

图3-44　虚拟现实清明上河园展现（三）

图3-45　虚拟现实清明上河园展现（四）

图3-46　虚拟现实清明上河园展现（五）

图3-47　虚拟现实清明上河园展现（六）

图3-48　虚拟现实清明上河园展现（七）

图3-49　虚拟现实清明上河园展现（八）

图3-50　虚拟现实清明上河园展现（九）

3.2.3　旅游服务开发

旅游服务开发可体现在景区虚拟角色配备和酒店在线咨询预订系统方面。

虚拟旅游系统可设置系统虚拟角色，如导游讲解员、沿街商贩、住宿旅店老板、游客和在线客服，增强旅游者虚拟旅游体验的现实感与代入感。旅游者只需花费较少的费用就可以雇佣虚拟导游，虚拟导游将按照电脑预定程序，给旅游者进行简单的沿途讲解。同样以清明上河园为例，游客通过网络进入虚拟清明上河园景区，园区真实场景借助电脑屏幕以3D图景的模式呈现在游客面前。园区门口，设置多个导游人物，游客如有需要即可点击喜欢的人物形象进行对话，选择对话框中的在线支付后，所选导游人物会跟随游客一同进入园区，并在每一个景点进行适当的讲解，讲解内容以声音和对话框文字的形式出现。同时游客还可以询问园中的特产，服务人员推荐介绍，并操纵导游人物指引游客到他所感兴趣的商铺进行游览，游客可于商铺在线选购商品。

在酒店在线咨询预订方面，虚拟现实系统一方面可以让游客对酒店的地理位置进行明确，充分了解酒店餐饮、休闲、娱乐设施；另一方面可以模拟现实场景前台，并设置前台接待虚拟客服角色完成预订咨询与操作，让旅游者在方便的同时获得新奇预订体验，促使旅游者的二次入住。

※ 3.3 虚拟现实在房地产领域的应用

在虚拟现实应用的探索上，房地产行业称得上是一个比较特殊的领域。虚拟现实对于传统房地产营销方式的变革绝不只是对样板间的颠覆，也不仅是精装样板间的虚拟现实体验。它可以应用到城市空间、楼盘全场景、景观、住宅地产、商业地产、养老地产、文旅地产等产业的全场景展现等方面。虚拟现实营销也逐渐运用于房地产销售中。它是以呈现“未来”的方式，给现房还未建成的地产商、给购房者带来一种模拟现实场景的体验，带给购房者真实的现场环境体验。

自1991年起，德国开始将虚拟现实技术应用于建筑设计中。在20世纪末，欧洲和北美的许多设计和房地产公司也开始广泛使用虚拟现实技术进行建筑设计和房地产销售，并逐渐取代了电脑表现图和模型等传统手段，成为主要的销售和设计辅助工具。虚拟现实到底能为房地产做什么？对投资人、地产商、设计师、购房者而言，虚拟现实能够带来什么样的直接经济利益？我们将随着时间的推移逐渐地为这些问题找到答案。

3.3.1 房地产开发

虚拟现实在房地产开发中的应用主要体现在建筑规划设计阶段、建筑主体和装饰施工阶段。虚拟现实技术的运用，为房地产公司合理规划设计、合理确定施工方案、规避投资风险起到了重要的作用。

对于建筑规划和设计阶段，虚拟现实技术的运用能够使设计优化，达到避免隐患的目的。传统的建筑设计是在二维空间中进行的，建筑设计师们利用计算机辅助设计（CAD）将计算、画图、数据存储和处理等繁重工作交由计算机完成，主要精力集中于创造性构思。但是，CAD软件的使用需要使用者将建筑概念转换为一定的软件术语，这样使用起来便不够智能、友好。再加上建筑设计师们试图通过平面的图纸来表现三维的建筑物，无法有效地描述整个设计过程，所以设计者的想法便不能充分地表达，同时，客户也不能很好地了解设计者的最终设计效果。而虚拟现实技术由于具有可交互性，所以将其用于建筑设计，可以使设计者在计算机模拟出的虚拟环境中实时漫游、交互，根据设计意图审视方案和修正方案。设计环境具有很高的真实感，设计者如身临现场，体验空间的感觉和用户的感受，为设计提供接近真实的环境需求，从而优化设计，缩短设计时间，提高设计质量，避免隐患。虚拟现实技术还可以在设计阶段快速地建立复杂的建筑模型，同时，如果对建筑场景进行设置，如添加天气、阳光、地形、植被等，那么，建筑模型就会更全面、更真实，从而提高了设计效果。虚拟建筑的三维模型可以实时切换不同的方案，更有助于客户体验，有助于客户与设计师的沟通。如迪士尼虚拟建筑设计（图3-51）。

图3-51 迪士尼虚拟建筑设计

在建筑主体装饰施工阶段中，虚拟现实技术的运用对于优化建筑工程施工方案，缩短建筑业新技术引入期和推广期，降低新技术、新工艺的试验风险，提前发现施工管理中质量、安全等问题有着重要的意义。建筑施工是复杂的大型动态系统，它通常包括立模、架设钢筋、浇筑、振捣、拆模、养护等多道工序，而这些工序中涉及的因素繁多，其间关系复杂，直接影响着混凝土浇筑的进程。模拟施工过程是为了通过仿真手段，去发现实际施工中存在的问题或可能出现的问题，提前想出应对之策。再者，使用虚拟现实技术对施工过程进行模拟，在施工前了解各种构件在实际结构中的相对位置及相互关系，实验多种施工方法，计算相应工况应力，可以对方案进行优化。

大钟寺国际广场是“北京市 2003年60项重大工程”之一，项目总投资约30亿元人民币，在2006年全部建成。该项目位于北京市北三环联想桥附近、地铁13号线大钟寺站旁，是北京市三环以内最大的综合性商业地产项目，也是唯一一个有地铁通过的大型商业项目。总建筑面积约为40万平方米，其中，地上商业部分总建筑面积约为25万平方米，地下商业部分总建筑面积约为15万平方米。该项目制作的三维动画及仿真系统，不但为项目建设提供了严密的论证平台，更为该项目的招商工作带来了便利。

3.3.2 室内设计

戴上 VR 眼镜，便可走进未来的家中，浏览每个房间的设计、装修，并与设计师协商更换每个房间的风格、色彩、光线等细节，然后通过手机查看家具清单和报价……这是虚拟现实技术在室内设计行业的应用。

室内设计以创造功能合理、舒适优美、满足人们物质精神的室内环境为目的，能反映项目所承载的历史文脉、建筑风格、环境气氛。室内设计的过程包括前期的设计制图、设计效果图、设计模型、电脑三维设计，主要是为了给委托方展现设计师的设计方案。设计师可以将虚拟现实技术的浸入感和交互性融入室内设计的过程，向委托方展示一个三维的、互动的、沉浸的、虚拟的室内空间，表达自己的创意设计。在虚拟的空间里，设计师可以跟委托方全面地介绍自己的设计意图和设计构思，有利于委托方直观地了解设计师的想法和设计，使委托方更好地跟设计师交流和沟通，使设计师的意图和风格完全地传达给委托方。虚拟现实技术的运用增强了设计双方的互动，打破了时间和空间的限制，使客户直观地贴近设计方案，提高了项目成本预算的精确度，避免了设计中不必要的损失。

美国底特律的设计师Ignatius就尝试将虚拟现实技术融入他的设计流程中。他表示，在设计前期，使用Google公司开发的产品，在虚拟现实中进行创作，不仅易于修改和尝试自己的创意，还能借助虚拟现实赋予的临场感，调动自己的创作灵感。并且，在向客户展示他的创作构想以及进行沟通时，虚拟现实技术使客户能够更直观地感受到设计师的创作想法，沟通的难度大大降低了。

在一个地中海风格的室内设计案例中，Ignatius向客户介绍了经典地中海风格的配色特点。客户通过效果图大致了解了蓝白色调的配色方案，但是还是无法想象施工后的居住感受。此时，虚拟现实技术的介入就很好地填补了这个缺口。Ignatius使用虚拟现实技术，让客户在项目动工前，就在虚拟三维空间中体验了他的设计意图。最后项目施工一步到位，客户没有提出任何修改。

3.3.3 房地产销售

在房地产销售中，传统的做法是置业顾问利用沙盘模型给购房者进行讲解，让购房者了解户型、小区的环境等问题。并且，这沙盘是经过大比例缩小，因此，购房者只能获得小区的鸟瞰形象，无法以正常人的视角来感受小区的建筑空间，更无法获得人在其中走动的真正感觉。因此，传统的利用沙盘模型的宣传只是一种单薄的被动灌输性宣传，传播力和感染力有限。再加上传统的实物样板间只能表现出有限的某一层内、某个朝向、某几种户型的室内景观，而且由于项目没有完工，项目园林景观也无法得以充分的展示。

近年来，效果图及三维动画已经在房地产销售中得到普遍应用。但是效果图仅能提供静态局部的视觉体验，三维动画不具备实时的交互性，是一个相对静态的世界。这使得购房者只能按照开发商事先规定好的路线和角度浏览，获得有限的信息。

因此，各开发商开始寻求新

的房地产营销方式——三维虚拟互动展示系统。这个系统不仅在国外的加拿大、美国等经济、科技发达的国家非常热门，在国内的广州、上海、北京等大城市也开始崭露头角。

开发商借助三维虚拟互动展示系统，可以将所要销售的楼盘及楼盘周边未来的环境生成一个逼真的虚拟现实世界，可以让目标客户在三维虚拟互动展示系统中自由行走、任意观看，突破了传统三维动画被动观察、无法互动的瓶颈，给目标客户带来真实感与现场感。譬如，在售楼部放上电脑，运用三维虚拟互动展示系统，能让购房者在电脑上亲眼看到几年后才建成的小区。又如，让购房者走进虚拟现实样板房，亲身感受居室空间的温暖，使他们获得身临其境的真实感受，更快更准地做出定购决定，大大加快商品房销售的速度。另外，用户还可以在电脑上选择户型，轻点鼠标查看该户型的详细信息，如房间用途、尺寸、层高及其他有关简介。早在2004年，武汉丽景花园小区楼盘采用VR-Platform虚拟现实平台，展现了武汉丽景花园小区建设完工后的全貌，不仅方便了地产开发商的楼盘宣传、销售工作，而且使潜在的购房者提前一年时间看到了该小区未来的完工整体形象。该项目占地面积为10万平方米，制作了楼盘、样板间及周边自然风光的漫游仿真和动画。

※ 3.4 虚拟现实在游戏、影音媒体领域、购物上的应用

3.4.1 虚拟现实在游戏领域的应用

Sony公司在 2014 年 Game Developers Conference 上推出了 Play Station 4 游戏机专用的虚拟现实设备——Project Morpheus，该款新游戏的问世为广大用户带来了更加真实的游戏角色情感以及心理上的体验机会。就在该发布会召开的前一个月，社交服务网站Facebook以20亿美元收购Oculus Rift虚拟现实硬件厂商，预示着虚拟现实将在数码游戏领域抢占高地。这一举动象征着虚拟现实已经得到了游戏领域外科学技术界的肯定，自此开始，“虚拟现实复兴”成了数字产业的又一关注热点。

1. 数字娱乐游戏中虚拟现实的物理互动体验

技术上的变革与创新贯穿于虚拟现实在数字娱乐游戏中的应用中。自从3D游戏引擎技术的飞跃，无论是《DOOM1》的3D模拟现实射击电脑游戏还是现在的《DOOM4》，玩家一直追捧着虚拟现实的3D视听感受。《鬼屋4》的反馈仿真机械、《悍马部队》的仿真车载运动模拟战斗、《太空大众》的虚拟太空大战的驾驶舱都令现实与虚拟世界无缝链接，让玩家在虚拟现实技术帮助下过足了混合现实射击的瘾。虚拟现实一体机——《模拟飞行》是一款基于航空教学与娱乐相结合的大型数字游戏设备。它打造了全封闭的空间，这个空间有高度仿真真实的驾驶操纵平台，让互动参与者忘身于游戏中。《虚拟茧》是英国华威大学正在研发的一款设备。它能赋予虚拟世界感官特色的听觉、视觉、嗅觉甚至味觉的真实感，让佩戴者坐在沙发上就能游历世界。

2. 数字娱乐游戏中虚拟现实互动体验的情感归属

数字娱乐设计师设计游戏时，不仅要突破数字娱乐游戏与虚拟现实之间的阻遏与间隙，还要将游戏中的情感构成发掘到极致。不同游戏的主题与游戏风格所展示的互动方式与视听效果不同，这就要求虚拟现实为不同数字娱乐游戏构建不同的内容主题。在构建数字游

戏的虚拟世界过程中，如何将游戏中的情感构成发掘到极致成了关键。这一关键将直接影响整个游戏给予玩家的满足感与归属感。Immerz公司开发的《KOR-FX》中的背心不仅让玩家在游戏时获取枪械射击回馈的后坐力快感，它还能够将游戏过程中被子弹击中的强烈碰撞效果模拟仿真出来，在身感痛楚的同时带给玩家对战争情感的伤痛与心灵的震撼。游戏《模拟飞行》是一个将游戏角色代入感发挥至极的一个优秀案例。正是因为如此，玩家往往醉心于虚拟游戏世界中而忘却了现实生活的存在。因此，在数字娱乐游戏的人性化设计上，设计师要考虑的是如何让玩家既能全身心地投入虚拟世界又能迅速将其唤回现实世界，还能从游戏中找出游戏所传达的教育意义。虚拟现实在游戏中的应用的最大意义就在于此。

3. 虚拟现实游戏设备

目前，市面上针对游戏玩家的头显设备有Oculus Rift、HTC Vive、PSVR。

Oculus Rift（图3-52）是一款专为电子游戏设计的头戴显示设备。它由两个目镜、陀螺仪、磁力仪、加速度器组成。陀螺仪、加速度器和磁力仪等方向传感器能够实时捕捉玩家的头部活动，帮助跟踪调整画面，从而提升游戏的沉浸感。当玩家戴上它玩游戏时，会产生身临其境的感觉。人们在玩恐怖游戏《Affected：he Manor》时，戴上Oculus Rift虚拟现实头盔后，能够沉浸到游戏的情境中，如同进入一个真实的恐怖世界，抑制不住地惊叫。

图3-52 Oculus Rift

HTC Vive（图3-53）是一款由HTC与Value联合开发的虚拟现实头戴显示器，它主要是为游戏设计的，玩家可以在一个房间大小的面积内体验虚拟世界。它的主要特点是画面逼真，能为每只提供1 200×1 080像素的分辨率，显示刷新频率达到每秒90帧；多处连接，在Vive顶部有多个接口，用于连接包括计算机在内的其他设备；头部跟踪，Vive有多种传感器，如陀螺仪、加速度计，能精确地跟踪用户头部运动。

PSVR（图3-54）就成像质量而言，不及Oculus Rift和HTC Vive，但在游戏领域而言，PSVR将会是广大玩家的首选。究其原因是PSVR比其他两款产品佩戴更为舒适，更适合玩家长时间戴在头上，而不会觉得过于沉重或难以忍受。再者玩家在使用虚拟现实设备玩游戏的时候，玩家的注意力更容易被身临其境的环境吸引，游戏体验妙不可言。

图3-53 HTC Vive

图3-54 PSVR

3.4.2 虚拟现实在电影行业的应用

观看电影和视频成为人们喜欢的娱乐方式，因此每一位喜爱电影的人，都是虚拟现实行业的潜在客户。目前，包括三星、谷歌和Oculus在内的几家大型企业都希望通过电影的形式将虚拟现实技术呈现给更多的人。但是，想要拍摄一部成功的虚拟现实电影并不是一件容易的事，它在艺术层面和技术层面都有要求。艺术层面的要求是电影的制作方要拥有绝妙的艺术才华，懂得如何驾驭虚拟现实这个新的讲故事的媒介，懂得如何给观众带来前所未有的观影体验；技术层面的要求是要让观众提高沉浸式体验感，减少甚至能消除观众恶心、眩晕的感觉。

就目前虚拟现实在电影行业的发展来看，已经有部分公司开始为虚拟现实电影编写剧本和故事，也有部分公司制作了虚拟现实短片。譬如，Story Studio公司目前的主要任务是为虚拟现实电影编写剧本和故事。Oculus VR花费了6个月时间制作了一部虚拟现实短片《LOST》（图3-55）。观众在观看这个短片时，是被固定在一个场景位置上，只有当观众朝每个方向凝视时，虚拟现实短片中的动作才能进行下去，在这种情况下，观众便有了互动感，好像真的迷失了方向一样。三星不仅制作了短片《Recruit》，还与《行尸走肉》的执行制片人David Alpert签约，计划打造全新的虚拟现实系列影片。Nurulize公司和 David Karlak导演合作拍摄了一部名叫《Rise》的虚拟现实短片。该短片主要是利用计算机三维动画技术和摄影感光片技术做成的。它将摄像机记录的故事模式和画外音包含其中，并通过定制的软件让观众可以置身于电影情境中的任意位置。亚马逊旗下的有声读物公司Audible和数字机构Firstborn联手为畅销漫画《致命钥匙》制作了一个虚拟现实体验视频。

图3-55 虚拟现实短片《LOST》

3.4.3 虚拟现实在音乐领域的应用

在我国，音乐、电影、视频等内容是可以通过互联网免费下载的，它对于音乐、电影、视频等内容的伤害相当大。即使当下，音乐版权的管理越发严苛，但始终不能摆脱廉价的本质。要想让音乐产业重焕生机，如果只是改变音乐的制作方式、升级版权管理方式是达不到预期效果的，还要依托全新的渠道。这个渠道就是虚拟现实。虚拟现实技术有可能成为音乐产业未来的最佳载体。目前，MV、演唱会、直播等已经大量采用了虚拟现实技术。

早在2014年11月，虚拟现实公司Jaun就把保罗•麦卡特尼的演唱会做成虚拟现实。同年12月，Next GR和Coldplay合作制作了该演唱会的虚拟现实版本。同年，虚拟现实影视公司Jaunt发布了一段Mc Cartney的音乐会视频。该视频被发布到Oculus 和Gear VR上，用户通过Google Cardboard、 Oculus Rift或者三星的Gear VR等虚拟现实设备，再加上一套兼容的Android设备就能下载应用，以360° 的视角享受不一样的音乐会。

2015年9月，国内运用虚拟现实技术制作完成了第一部MV作品。这是由清华音乐才子刘晓光携手中国虚拟现实影像制作公司"兰亭数字"合力打造的青春励志MV《敢不敢》（图3-56、图3-57）。

图3-56 MV《敢不敢》（一）

图3-57 MV《敢不敢》（二）

在2016年1月举行的美国CES展会上，环球唱片宣布和美国广播电台公司iHeartMedia达成合作，双方将会把虚拟现实技术利用在演唱会中。苹果也与U2乐队和Vrse工作室合作，打造成一段虚拟现实音乐视频《Song For Someone》（图3-58）。该音乐视频通过虚拟现实技术，让U2乐队的歌迷能够通过第三方虚拟现实头戴显示器和Beats耳机体验到现场演唱会的氛围。该虚拟现实音乐视频是苹果推出的第一部虚拟现实视频，它意味着苹果踏出了向虚拟现实领域进军的第一步。甚至国内专注唱歌的移动应用唱吧也将在直播间采用3D及虚拟现实技术。

图3-58 《Song For Someone》

2016年3月三星与Y&Y乐队加入了虚拟现实音乐领域，两者进行首次跨界合作，推出虚拟现实音乐视频，如图3-59所示。他们将3台处于不同拍摄角度的摄像机设置在演唱会现场。通过虚拟现实技术为歌迷直播一场真正的虚拟现实演唱会，歌迷只要戴上虚拟现实头显设备，就能足不出户地从任意角度来欣赏演唱会，如图3-60所示。同年4月，乐视公布了虚拟现实战略，宣布将完全打通虚拟现实内容源、平台和终端。而其虚拟现实内容库战略涵盖的方面中，就包括音乐。而阿里、腾讯、小米乃至华谊兄弟等，在虚拟现实音乐上也都有着应对策略。

图3-59 伦敦南岸中心——虚拟现实交响乐“Universe of Sound”

图3-60 听众戴上虚拟现实头显

虚拟现实音乐不仅将改变人们欣赏音乐的方式，也将改变音乐制作的方式，甚至能大幅缩减成本。例如，传统MV行业上游由技术灯光、舞台布置甚至拍摄设备等发展程度决定，而在虚拟现实生成技术的推动下，这一产业格局将被重新组合，甚至将打破时空格局，创建新内容时代。譬如，很多背景、灯光等都能合成，从而减少了人财物力的支出。另外，演唱会的收益也会在虚拟现实技术的带动下呈现出直线上升的趋势。传统的演唱会仅有门票收入，门票销量在很大程度上受到场地可容纳人数的影响。而虚拟现实演唱会则有可能被数百万、上千万人收看。即使降低门票价格，收益却会显著增长。

3.4.4 虚拟现实在购物上的应用

2016年4月1日，淘宝推出全新购物方式“Buy+”（图3-61、图3-62）。“Buy+”有多神奇呢？“Buy+”就是利用虚拟现实技术来突破时间与空间的限制，用户可以在闲暇时间随时随地地逛商城，只要戴上虚拟现实眼镜，仿若顷刻间置身于某个商城里。“Buy+”使用虚拟现实技术为用户生成了一个可交互的三维购物环境，并利用TMC三维动作捕捉技术捕捉消费者的动作，触发虚拟环境的反馈，实现了用户在虚拟现实中和商品的互动。用户戴上虚拟现实设备，进入装修精美的虚拟店铺—选中产品，仔细查看商品信息—变换颜色—虚拟导购员讲解—加入购物车—下单支付，这样就可完成整体类似于线下的体验式购物过程。

雄心勃勃的阿里推出了“造物神”计划，目标是联合商家建立世界上最大的3D商品库，试图将10亿件淘宝商品利用虚拟现实技术1：1复原，以加速虚拟现实世界的购物体验。阿里工程师目前已经完成数百件高度精细的商品模型，下一步将为商家开发标准化工具，实现快速批量化3D建模。

图3-61 淘宝推出全新购物方式“Buy+”（一）

图3-62 淘宝推出全新购物方式“Buy+”（二）

※ 3.5 虚拟现实在教育领域的应用

国际21世纪教育委员会向联合国教科文组织（UNESCO）提交的报告《教育——财富蕴藏其中》中明确提出了21世纪教育的四项内容，即学会认知（Learning to know）、学会做事（Learning to do）、学会合作（Learning to live together）、学会生存（Learning to be）。这些内容被称为面向21世纪教育的四大支柱，与我国素质教育的精神是一致的。教育必须围绕这四种基本的学习能力来重新设计和组织，而虚拟现实在培养这四个能力方面可以为学生提供各种各样的从简单到复杂的学习环境，培养学生适应各种环境的能力；可以很方便地仿真实现各种实际的甚至是想象的实验场景，培养实践能力、科研能力；可以为个别化学习提供良好的认知环境，有利于学生搜集知识和获取知识，培养做事能力和合作能力。鉴于此将虚拟现实技术应用于高等教育中有以下几个方面的优势：

（1）弥补现有教育经费、教学条件的不足。在现实教学中，有一些应当开设的教学实验由于实验设备、实验场地、教学经费等方面的原因无法进行。利用虚拟现实系统，可以弥补这方面的不足，使学生利用虚拟现实平台打造的仿真平台进行各种实验，获得与真实实验一样的体会，从而丰富感性认识。实验内容的变更可以根据需要通过修改软件系统来实现。

（2）避免真实实验或操作所带来的各种危险。传统的危险实验的操作方式往往是通过视频的方式来演示的，学生无法进行操作，获得感性认识。虚拟现实技术可以帮助学生们免除这种顾虑，学生在虚拟实验环境中，可以放心地完成各种危险的或危害人体的实验。例如，虚拟外科手术，带领医生进入虚拟情境中，避免因操作不当而造成的不可挽回的医疗事故；或者在虚拟化学实验中，能够避免爆炸或有毒实验材料给人体带来的伤害。

（3）突破时间、空间的限制。利用虚拟现实技术，可以彻底打破空间的限制。学生可以通过虚拟现实系统，进入虚拟的宇宙，观看天体的运动。也可以让学生进入虚拟的工厂，观察每个机器部件的工作情况及工厂的工作流程。虚拟现实技术还可以突破时间的限制，让学生观察一些需要几十年甚至上百年才能观察的变化。

（4）可以虚拟人物形象。如果想要创造一个充满学习气氛的环境，可以通过虚拟现实系统虚拟历史人物、优秀教师、历代伟人、当代名人、学生榜样、学术界人物等各种人物形象，创设一个人性化的学习环境，通过虚拟讲堂让学生与虚拟教师在虚拟情境中进行交流和讨论，在提升学生兴趣的同时，还可以打造自然、亲切的学习氛围。

3.5.1 数字校园与虚拟校园的建设

一所高校仅用简单的文字、图片及Flash动画展示和宣传自己的校园，是无法满足学校日益发展的需求的。那么高校如何将校园风光、实训设备、图书馆等教学设施生动地展现出来，让学生、家长和社会更好地了解校园情况呢？虚拟全景技术的引入就很好地化解了这个问题。虚拟校园是基于地理信息系统（GIS）、遥感（RS）技术及虚拟现实技术构建的虚拟校园漫游系统，它将校园风光和学校地图有机地结合起来，让来访者足不出户就可以浏览校园风光。另外，学生还可以通过虚拟校园，直观地欣赏到教学楼、食堂、图书馆、宿舍等建筑，了解校园的整体布局和规划。因此，虚拟校园在校园风光展示、校园信息查询、校园文化展现、招生宣传、校园服务等方面发挥着重要的作用。

北京大学建设了数字校园工程——数字北大。它是利用北大青鸟公司的GIS软件作为Web GIS服务器，并提供三个客户端插件，具有北大校园及周边环境的地图显示，基本信息浏览、查询及分析等功能。用户将通过浏览器方便地找到北大周边的大专院校、湖泊、旅游区及其他重要地标，并能获取这些对象的简单信息；可以快速地查到北大周边的重要路段和通往某地的最佳路径等交通信息；可以浏览校园的全景和局部，还可以根据校园的一个建筑查询到所有坐落在该建筑中的院系或行政机构，链接到各个院系的主页。

香港理工大学的校园信息系统是一个较为成功的集虚拟现实技术、因特网和电子地图为一体的虚拟校园系统。人们可以浏览虚拟校园环境，利用虚拟图书馆查找和阅读期刊及书籍，通过访问虚拟实验室来使用计算机设备，通过虚拟教室进行网上学习，如图3-63和图3-64所示。

图3-63 虚拟校园（一）

图3-64 虚拟校园（二）

3.5.2 教学实验

实验教学在对学生科学素质、创新能力与研究能力的培养方面起着非常重要的作用，是理论教学所不能替代的。但是长期以来由于实验课教学的单一性、实验课开课不足、教学设备陈旧、教育资金不足、危险性大、实验难以在实验室开展等原因，学生在做实验时缺乏个性和创造力，仅仅是按照实验指导书上的要求，按部就班地完成，不主动解决问题，机械地填写数据。更有甚者，缺乏实验兴趣，抱着敷衍了事的心理，认为实验只不过是对书本上的理论知识进行验证。

计算机的性价比和易用性的提高，使得虚拟实验室在教学、科普教育和技术研究领域的应用成为可能。虚拟实验室，是指由虚拟现实技术生成的一类适于进行虚拟实验的实验系统，其包括相应实验室环境、有关的实验仪器设备、实验对象及实验信息资源等。虚拟实验室可以是虚拟构想成的实验室，也可以是某一现实实验室的真实实现。多媒体计算机技术与仪器技术的结合构成了虚拟实验室的基础，学生可以在计算机屏幕上通过场景式图形界面拥有自己的实验室，也可以利用虚拟仪器技术与认知模拟方法赋予实验室智能化特征，使学生可以不受时空限制，身临其境地观察实验现象。在虚拟实验室中，实验者有逼真的感觉，他的感觉是真正地在现实实验室里近距离地进行现场操作。

国外许多大学早期就开展对虚拟实验室的研究工作，美国佛罗里达中央大学已开发出用于公众教育的、低成本的网络虚拟环境。美国密歇根州立大学的通信技术实验室同工业界合作，开发了SIZE机，这个虚拟环境支持环境搜索。美国巴尔的摩约翰鹤健斯大学的化学工程系的卡尔威教授在电脑网络上建立了一个虚拟实验室。

国内的许多大学也对虚拟实验室进行了研究，北京邮电大学、北京工业大学、清华大学等共同建设了网络虚拟实验室，即在首都信息发展股份有限公司总部所在地建立主实验室，并创造条件在合作单位所在地逐步建立分实验室，各地实验室通过网络连接成为网上虚拟大型实验室。北京航空航天大学与浙江省病理质控中心合作开设有“虚拟免疫组化实验室”。实现了通过图像分析系统定义免疫组化染色、对免疫染色肉眼视觉上的强度量化，以增加可重复性，找出定义免疫染色物质质量的最佳参数。中国农业大学进行了虚拟植物研究，应用计算机模拟植物在三维空间中的生长发育状况，其主要特征为以植物个体为研究中心，以植物的形态结构为研究重点。应用计算机图形学方法模拟光线在植物冠层内的传输、反射和透射等。大连理工大学研究开发了仪器分析虚拟实验室。洛阳工业高等专科学校进行了图形组态控制虚拟实验的研究，它主要完成了虚拟实验的演示过程。中科院上海有机化学研究所建立了虚拟化学实验室，通过对分子结构进行系统化的规律性变化，研究并找出性质与结构之间的相互关系模型，用于结构修饰和分子设计，高效地预测具有某种关键性质的分子结构，使得合成更有明确的目的性；将理论化学方法、数据库技术与合成设计紧密结合，建立高效的反应知识检索系统，寻找预测反应性能的可靠方法，最终建成实用的计算机辅助合成设计系统。

例如，在福州网龙公司打造的101VR沉浸教室展示区，体验者可以通过VR眼镜穿越海底、太空的地理课，也可以体验置身细胞中的生物课，华渔VR+教育的生态教育体系得到了淋漓尽致的展示，如图3-65所示。

图3-65　海底寻宝VR体验

再如，在生活中培养一位高铁司机，培训成本高且周期长。现今，福州网龙公司发布了一款中国高铁司机VR训练系统，不仅能用于轨道交通驾培行业，还可以用于机动车驾驶、塔式起重机等行业培训，这标志着交通驾培行业2.0时代的到来。在这个VR训练系统中，对和谐号动车组的驾驶舱进行全尺寸VR模拟，并实现在虚拟驾驶舱内与设备的交互，满足动车司机在应急状态下标准操作流程的培训和考核要求。实现利用一套VR硬件设备配上量身定做的课件就可以高仿真体验的效果，同时，模拟高铁行驶出现的各种突发状况，让训练者进行应对。

3.5.3　教学课件

传统的多媒体课件是以文字、图片、视频、声音为载体向学生传递教师要讲授的知识，在教学中发挥了巨大的作用。但是，它也存在着一些不足之处，表现在两个方面：一是传统的多媒体课件只能以平面的方式展示知识，不能展现抽象的三维形体和行为；二是缺乏交互性。传统的多媒体课件主要是用于课堂知识展示，学生仅能被动地听、被动地看、被动地记笔记。

如果将虚拟现实技术用于多媒体课件的制作，可以克服传统多媒体课件的不足之处，达到为学生建构三维的、多媒体集成的、境界逼真的学习情境的目的，有利于学生理解空间性、抽象性较强的教学内容。例如，飞行员学习飞机驾驶课程，由于条件的限制，部分学生可能无法得到实际操作的机会。但是，学生的掌握度在很大程度上取决于练习的程度。如果将虚拟现实技术开发于模拟飞机驾驶的多媒体课件，那么学生能够通过不断地操作和练习来提高飞机驾驶的技术，如图3-66所示。

图3-66　飞机驾驶虚拟课件

虚拟现实课件比一般多媒体课件有更好的交互性，可以让用户在虚拟现实构建的虚拟场景中随着个人的意愿自由地游走，使用户产生完全沉浸感，融入虚拟的学习情景中去。例如，“DNA的摄取与整合”的课程。由于DNA过于微小，无法在显微镜下观察到，因此学生们无法通过实际操作来感受这个过程。教师只能通过模型摆放、图片展示、动画演示进行理论讲解。而这种传统多媒体教学方式只能帮助学生从理论上认识“DNA的摄取与整合”，不能帮助其从实践层面更好地理解和认知。如果将“DNA的摄取与整合”以虚拟现实的方式嵌入多媒介体课件中，学生一方面可以听教师的理论讲解；另一方面可以动手模拟“DNA的摄取与整合”过程，从而加深了对这个知识点的认知，如图3-67所示。

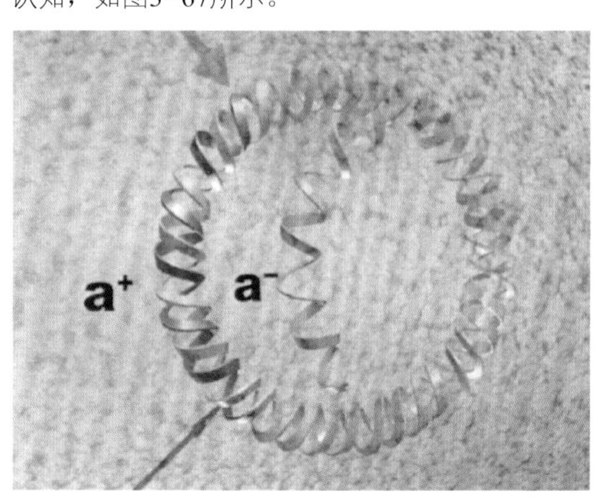

图3-67　DNA的摄取与整合

※ 3.6　虚拟现实在制造领域的应用

在制造领域借助虚拟现实技术，可以实现虚拟产品设计、虚拟产品制造、虚拟生产过程、创建先进制造工厂、产品展示与维护等。利用虚拟现实技术，可以帮助制造领域工作者完善产品设计、优化产品性能、提高产品质量和设计效率、降低开发成本。

3.6.1　虚拟现实在汽车制造上的应用

在汽车制造领域，美国的虚拟现实技术的运用处于国际前沿，如图3-68所示。

图3-68　汽车虚拟制造

（1）整车虚拟设计。汽车新产品的研制，在传统意义上，要先制造出几台样车，进行性能试验，再根据性能试验的结果进行改进。采取此种模式，易造成周期长、耗资大的缺陷。利用虚拟现实技术，整车的实物化图纸和模型可以省略，所有开发过程可以在计算机内完成。因此，可以明显地缩短汽车研发周期。20世纪90年代车辆的研发时间是48～60个月，采用了虚拟现实技术后，已经缩短到24～36个月，甚至降到了18个月。另外，采用虚拟设计，还可以方便地修改设计方案，在设计的早期发现并修正设计缺陷，避免造成巨大的损失。例如，美国的UGS技术开发中心，技术已经比较成熟，几乎看不到传统的实物化图纸和模型。1998年戴姆勒•克莱斯勒——奔驰集团将LHS、Concord、300M及Dodge

Intrepid等轿车的全部设计过程在计算机上完成。

（2）整车虚拟装配。利用虚拟现实技术，在整车开发阶段就可进行装配评价，从而在设计阶段就可从整车的装配角度考虑产品的可制造性，而不是从单个零件的角度进行考虑，避免了设计上的失误，为将来的生产定型提供了方便并节省了时间。福特汽车公司已经将虚拟装配技术应用到新车型的开发中。它们将车辆的零部件在CAD系统中建模，然后将模型文件传输到虚拟环境中。系统的硬件设备采用SGI图形工作站、大屏幕显示器、数据手套和头盔等。通过头盔的定位装置跟踪用户头部运动位置，从而改变显示器中的虚拟场景，浏览货架上的零件；通过数据手套检测手的各种动作，实现对虚拟场景中零件的抓取、移动、装配等动作，从而可充分发挥人的主动性、创造性，实现产品装配的最优过程。

（3）整车虚拟试验。在建立了汽车整车或分系统的CAD模型后，利用虚拟实验技术可以对其进行各种性能的仿真试验。可以在整车实际产品加工出来以前，对不满意的地方进行改进设计，同时，预测整车的安全性、可靠性、动力性和经济性等各种性能。

3.6.2 虚拟现实在船舶制造上的应用

船舶制造是一项劳动密集型、技术密集型和资金密集型的产业。它涉及大量的专业、复杂的系统，且作业空间小、技术难度高、投资大，一旦某个环节出现问题，势必会对船舶整体制造带来一定程度的影响。为了提高造船业水平，改善工人劳动条件，必须在船舶制造业引入虚拟制造技术，如图3-69所示。

图3-69 船舶虚拟制造

（1）在船舶设计阶段，虚拟现实技术可以涵盖制造、维护、设备使用、客户需求等传统设计方法无法实现的领域，真正做到产品的全寿命周期服务。利用虚拟现实技术对船舶进行虚拟设计，从宏观层面看，可以实现船舶的整体设计贯穿；从微观层面看，可以完成构件的功能有效性测试，对实体间进行干涉检查，对船舶空间的人流路径进行设计。再加上船舶的虚拟设计是以船舶能否进行制造为目标的，因此在虚拟设计过程中，对于构件（设备）的可制造性进行单独讨论是有必要的。另外，在船舶虚拟设计中，还考虑到船舶的整体生命周期，因此，对船舶构件（设备）的可维护性进行讨论也成为必须考虑的对象。综上所述，利用虚拟现实技术对整个生命周期的虚拟船舶设计系统进行开发，可以提高船舶设计的质量，减少船舶制造费用，缩短船舶制造周期。

（2）在船舶制造阶段，虚拟现实仿真系统可以对船厂厂区及设施、船舶内部结构和布置、船舶体制造常规工艺流程进行逼真的3D可视化虚拟展示。工程师们可以与虚拟环境中的船体模型进行交互操作，完成钢材预处理、钢材切割、钢材弯曲成型等。与此同时，虚拟现实系统还提供了船体装配功能，通过模拟真实的装配方式，帮助用户了解船体装配流程、船体构造。

3.6.3 虚拟现实在飞机制造上的应用

现代飞机的研制周期在日益缩短的同时，对飞机性能的要求与日提升，而飞机技术的复杂性也越来越高。因此，在飞机研制的过程中，应用虚拟现实技术成为确保飞机研制成功的关键手段之一。在飞机设计的过程中，应用虚拟技术能提前开展性能仿真演示、人机工效分析、总体布置、装配与维修性评估，能够及早发现、弥补设计缺陷，实现“设计—分析—改进”的闭环迭代。因此，虚拟现实技术在促进飞机设计能力提升的作用表现在三个方面：第一，在产品设计初期，利用虚拟现实技术可以给予用户沉浸式虚拟体验，给用户信心，抓住进入市场的先机；第二，利用虚拟机取代实物机，将“先虚拟体验”取代“后实物验证”，缩短了飞机研制周期，节省了飞机研制经费，这使得绿色航空设计和低碳经济理念成为现实；第三，利用虚拟现实技术，在设计阶段尽可能地发现设计缺陷，避免将缺陷留到研制阶段，减少了反复修改的过程，缩短了研制周期，实现了设计一次即可成功，提升了飞机质量。

目前，欧美先进航空企业，尤其是波音、空客等公司在飞机设计中的很多业务领域都采用了虚拟现实技术。用虚拟现实技术虚拟设计波音747获得成功，是近年来引起科技界瞩目的一件大事。波音747飞机由300多万个零件组成，这些零件以及飞机的整体设计在一个由数百台工作站的虚拟现实环境系统上进行。设计师戴上头盔显示器，就能穿行于这个虚拟的“飞机”中，去审视“飞机”的各项设计。过去为设计一架新型的飞机必须先建造两个实体模型，每个造价约为60万美元。应用该技术后，不仅节省了研制经费、缩短了研制时间，而且保证了机翼和机身对合的一次成功。

继波音747后，2008年基于虚拟现实技术设计的波音787飞机正式试飞。波音787的研制技术基本代表了发达国家目前先进设计技术的水平和应用现状。另外，在波音777和空客A380的设计过程中，以虚拟现实为代表的新一代数字化先进设计技术将整体项目进度和飞机研制成本分别缩短、降低了将近一半。另外，欧洲直升机公司从2010年起在德国多瑙沃特建立虚拟现实工作室，可在一个6 m×2.5 m尺寸的屏幕上以互动、沉浸的方式操作整个直升机或各个部件，开展多专业协同设计与设计效果体验评估。总体来说，西方发达国家已充分认识到了虚拟现实技术对飞机研制的重要意义，并已将虚拟现实技术纳入方案设计阶段的设计流程，使工程师沉浸于虚拟环境中提前开展设计优化与分析评估。

近十几年来，我国飞机数字化设计技术已取得很大的突破，几个主要的飞机设计单位也初步建立了投入型虚拟现实环境，例如，中航工业第一飞机设计研究院在型号研制中尝试使用虚拟现实技术进行座舱布置设计、虚拟拆装和人机工效分析，取得了一定的效果。但是，当前国内还没有将虚拟现实技术与数字化设计流程进行有效的结合，只针对设计流程上的单点环节和个别专业进行了局部的工程应用，而更多的应用偏重于产品演示，使用效果非常有限。

※ 3.7 虚拟现实在能源仿真领域的应用

3.7.1 石油仿真

石油作为一种重要的战略物资一直备受人们的关注，在生产方面，它具有高投入、高风险、高产出的特点。由于石油生产具备这些特点，因此很多企业都非常重视石油的生产过程，特别是钻采过程的管理和监控。将虚拟现实技术应用于石油行业将有广阔的前景，如图3-70和图3-71所示。

图3-70 石油仿真（一）

图3-71 石油仿真（二）

（1）井下作业仿真。利用虚拟现实技术，通过对油田机械设备进行虚拟装配，对井下作业工艺过程进行仿真，利用虚拟现实技术对来自现场的数据进行处理，能够显示勘探对象地下构造的三维透视图像，确定油体分布、断层组合等参数，找出井壁稳定条件等，另外，还可以设计遥控作业装置，操作者利用头盔、数据手套等设备操纵装置，可以在恶劣环境或水底作业。

（2）石油装配操作虚拟培训。基于虚拟现实技术的虚拟培训具有高仿真性、开放性及超时空性，且具有很强的针对性、可重用性和可操作性，因此，可以利用虚拟现实技术对石油装配操作进行虚拟培训。

（3）油气储运。利用虚拟现实技术可以对拟建的油气储运站、天然气集气站、长距离输气管道及大型天然气集气管网等进行虚拟设计，不仅形象逼真，还可以节约资金，缩短设计周期；对于已经建成的站库的改造，可以快速方便地进行虚拟设计和规划。

另外，在采油工艺、生产管理、科技馆石油生产及产品展示、油田规划建设及城市旅游展示等方面，虚拟现实技术也大有用武之地。利用虚拟的采油工艺过程以及产品模拟展示可以做宣传或培训教育，利用虚拟控制室可以观察油气管道的运行情况，甚至远程控制操作，为指导生产运行提供新途径。

3.7.2 水利工程仿真

水利工程建设和管理是一项非常复杂、庞大的系统工程。其是对自然界的水资源进行合理调节和分配，以达到防洪防涝、满足居民用水所需的巨大工程。它的建设过程涉及修建坝、堤、溢洪道、水闸、进水口、渠道等不同建筑的施工技术，具有项目实施周期长、投入的资金和人力物力多、对生态环境影响大、涉及的专业领域广等特点。

针对水利工程进行的各种前期实验，传统的方法是采用缩小的物理实体模型，通过施加各种水力条件来模拟测试水利工程的各种设计参数，这种方法虽然也很直观，但存在实体模型一次成型后很难修改、占地面积大、浪费资源等缺点。水利工程传统的二维平面设计又不能清晰、直观地显示设计者的思想，各个专业（包括枢纽、施工、机电等专业）的设计者在二维平面上不能很流畅地合作和交流。

虚拟现实技术在水利工程仿真中具有广阔的应用前景，主要表现在：① 根据实地地质形态，在计算机中对实景进行最大程度的还原仿真，表现水利工程将要形成的整体面貌，建立高精度的水利工程虚拟现实模型；② 决策者在环境观察、信息采集和科学研究的基础上，结合实际，对水利工程进行更合理的规划、方案对比、整体布局设计、环境协调；③ 为工程建成后的运行管理提供三维可视化平台，管理者可以通过仿真建模、智能互动、实时控制，解决水利工程实际操作中可能出现的问题，包括水利工程从规划、设计、建造、运行的全寿命周期的性能状态，水利工程的进度控制、运行情况、设施调节和环境影响问题；④ 为水利工程的宣传汇报提供一个良好的展示平台，包括对工程经济社会效益的宣传、生态环境的影响展示、水库移民宣传等，如图3-72和图3-73所示。

图3-72　水利工程仿真（一）

图3-73　水利工程仿真（二）

3.7.3 电力系统仿真

电力系统是一个非常庞大的系统，虚拟现实技术在电力系统运行中的应用，可以加强整个系统运行的安全性，能保证电能质量和操作更加规范。

（1）虚拟现实技术的应用可增加运行操作的准确性。电力网络遍布全国的各个领域和地域，因此，必须在远方操纵设备运行。远程操作势必会降低操作的准确性，如何尽量正确地选择和操作是保障人身安全及电力系统安全的关键。虚拟现实技术在运行过程中的应用是提高运行管理水平的重要途径之一。将虚拟现实技术和现场监控及数据采集系统获取的信息融合在一起，使系统状态、运行行为和实际物理系统更为接近，这样，操作人员便可通过虚拟环境接触逼真的运行过程，具有身临其境的直观感受，促进电力系统的运行和维护安全性的提高。电力运行的实际作业环境条件一般是比较复杂的，存在显著的噪声、变化显著的温度场、较高的电压和电磁辐射，这些因素的干扰将影响作业人员操作的精度和准确性。而使用虚拟现实技术后，它可以将人一计算机一环境3个要素虚拟化地结合在一起，以更好地调整三者之间的协调性，大大增强操作的准确性。

（2）虚拟现实技术的应用还有助于克服操作人员的职业病。例如，新的作业人员进行高空作业时，经常会有人出现恐高症的情况，应用虚拟现实技术可以先让新的作业人员在虚拟的高空中适应这种环境，克服恐高症，然后再进行高空作业，这样就使得工作人员的生命安全更加得到保障。

在电力运行方面，武汉某大学研究并开发了基于虚拟现实的水电机组检修系统。研制的检修系统可以很好地克服长期存在的相关作业人员在检修和培训学习方面不到位的缺点。正在研制的葛洲坝电厂“最优维护系统”完成了虚拟水电机组检修培训系统的技术研究与部分功能开发。该系统可显著提高运行维护人员的业务熟练程度和实际操作技能。系统的维护过程比较简单，可扩充性强。系统的主要功能通过软件实现，具有一定的开放性，且配置的硬件比较少，主要为通用的计算机和网络设备，调整和扩展功能较为容易实现，系统非常丰富的人机交互界面有助于提高运行维护和检修作业的效率。

一些单位还研究了基于虚拟现实的带电作业机器人智能控制系统。该智能控制系统能够使操作人员在主控界面上看到高压带电作业之前的虚拟任务预演和碰撞检测；使操作人员完全摆脱高压、强辐射、高空作业的恶劣环境；使机器人控制系统更加智能；其控制精度得到了很大的提高。

国家电网新型虚拟仿真项目如图3-74和图3-75所示。

图3-74 国家电网新型虚拟仿真项目（一）

图3-75 国家电网新型虚拟仿真项目（二）

※ 3.8 虚拟现实在文物保护、城市规划领域的应用

3.8.1 虚拟现实在文物保护领域的应用

人类社会处于不断进步中，在发展的进程中，只有一部分文化遗产能保留下来，大部分文化遗产都淹没在历史的进程中。如何对已经消失或正在消失的文化遗产进行保护，是人们所关注的问题。基于文化遗产保护的特殊性和虚拟现实技术的优势，人们将通过定量检测、科学分析所得到的信息进行数字化重建，建立虚拟漫游系统，这不仅能保留历史建筑的原始数据，还能在不破坏自然生态与人类居住生活的情况下，使传统文化遗产的原始数据得以保存。

利用虚拟现实技术对文化遗产进行保护在国内外都可以找到相应的例子。1995年，第一次虚拟世界遗产会议在英国召开，主题是“虚拟庞贝古城”。1996年，在第二次虚拟世界遗产会议上，演示了虚拟巨石阵。英国自然历史博物馆利用三维扫描仪对文物进行扫描，将其立体色彩数字模型送到虚拟现实系统中，建立了虚拟博物馆。2001年4月，美国加州大学洛杉矶分校的城市仿真小组在以色列戴维森展览中心完成了古耶路撒冷聚落的虚拟重建，重现了古耶路撒冷风貌。加拿大卡尔加理大学的Richard M.Levy主持修建了泰国Phimai神庙虚拟重建项目。神庙已经毁坏得相当严重，在建筑学家和考古学家的帮助下，Richard M.Levy等人从历史文献和时代的建筑中收集数据信息，重建了神庙，如图3-76所示。

图3-76 虚拟重建的神庙

虚拟重建故宫三大殿，也是虚拟现实技术在文化遗产保护领域的一项重要的应用。故宫三大殿是古典建筑中的瑰宝，是全国第一批重点文物保护单位，并于1987年被联合国教科文组织列入“世界文化遗产”名录。故宫三大殿包括太和、中和、保和三大殿，是紫禁城的前朝部分。太和殿俗称金銮殿，是紫禁城乃至全国最高、最大的宫殿，面廓十一间。元旦、冬至、万寿三大节的大朝礼；皇帝的登基、大婚、武将出师、殿试传胪等重大典礼都在此举行。中和殿，是一座方亭建筑。它是帝王在太和殿活动时的准备场所，也是帝王在祭祀、演耕前检查用具的场所。保和殿是除夕为王公大臣设宴的地方，是清代科举考试最高一级的殿试举行场所。利用虚拟现实重建故宫三大殿能使人们不在北京就观赏到中国古典建筑的瑰宝，并能随心所欲地观察其中每个细节，如图3-77～图3-80所示。

图3-77 虚拟太和殿

图3-79 虚拟保和殿

图3-78 虚拟中和殿

图3-80 虚拟宫殿鸟瞰

3.8.2 虚拟现实在城市规划领域的应用

城市规划在城市发展中占有至关重要的地位，它与城市发展战略、城市区域功能及人类生存环境密切相关，对人们的学习、生活、工作产生巨大的影响。例如，城市交通道路规划、景观设计、建筑形态、商务网点的布局等是城市的重要组成部分，同时，也影响着居民的生活方式和生活质量。

传统的城市规划一直以来都是用如平面图、剖面图、立面图等平面图形成的一些规定的符号来表示三维的立体建筑，虽然能表示出丰富的内容，但是内容表现得异常抽象。这种信息处理与传递方式使得从业者与非从业者沟通交流的难度很大。再加上城市规划行业要求有很高的关联性和前瞻性，对可视化技术的需求相当迫切。在工程实际施工中，复杂结构施工方案设计和施工结构计算是一个难度较大的问题。因此，将虚拟现实技术加入城市规划领域能够促进其发展进步。

虚拟现实系统为规划师和建筑师们提供了辅助设计、查询分析、成果展示、设计方案的推敲对比、修改评审和成果入库，甚至模型动态更新等技术手段。这些技术手段可以辅助规划师和建筑师将他们的各种城市设计，如建筑设计与装修、市政设计（树种选择、街灯选择等），通过三维仿真，将已存在的景观和设计的景观结合在一起，在计算机里建造出未来的虚拟城市。在虚拟现实系统中完成设计后，规划师和建筑师们还可以戴上立体眼镜观看仿真效果；戴上显示头盔，利用“沉浸感”沉浸于虚拟的城市中，感觉、评估设计效果。在观看的同时，可以通过人机交互界面实时地修改设计，从而为城市规划和建筑设计提供决策的依据。例如，长沙市规划局进行数字长沙的工作，现已完成CBD中心一带及主要城市干道的建设。通过运用虚拟现实技术，为实践可行方案创造条件的同时，又节省了大量的时间、费用和工时，提高了城市规划的科学性，降低了城市开发的成本，缩短了规划、设计的时间，如图3-81和图3-82所示。全球最为成功的虚拟城市模型之一是洛杉矶的虚拟城市三维模拟系统。设计师Bill Jepson利用结合3D-GIS与虚拟现实技术把航拍照片和数字图像等进行组合，建立起洛杉矶虚拟城市模型，并应用于洛杉矶城市未来发展预测，城市环境、城市绿化等仿真研究中。

图3-81　鸟瞰长沙中心地区

图3-82　长沙步行街广场

※ 3.9　虚拟现实在军事、安全防护领域的应用

3.9.1　虚拟现实在军事领域的应用

20世纪90年代初，美国率先将虚拟现实技术用于军事领域。近几年，随着科学技术的发展，虚拟现实技术已经渗透军事生活的各个方面，开始在军事领域中发挥着越来越大的作用。目前，虚拟现实技术在军事领域的应用主要集中在虚拟战场环境、军事训练和武器装备的研制与开发等方面。

（1）虚拟战场环境。士兵们的训练质量要想得到全面提升，仅靠日常训练是不行的。如果能够为士兵们创造一种高度逼真的立体战场环境，使其在高度逼真的立体战场环境中演习，那就能使其训练质量得到全面的提升。而运用虚拟现实技术就可以打造出三维战场环境图形图像库，对作战背景、战地场景、各种武器装备和作战人员进行高度仿真。

（2）进行单兵模拟训练。单兵模拟训练包括虚拟战场环境下的作战训练和虚拟武器装备操作训练。

1）作战训练是在利用虚拟现实技术虚拟出战场，让士兵携带各种传感设备，通过传感设备选择不同的战场环境，然后输入不同的处置方案，体验参加不同实战的作战效果，从而达到提高其战术水平、心理承受能力和战场应变能力的目的。

2）虚拟武器装备操作训练是在虚拟武器装备环境中进行的，通过训练可以达到对真实设备进行实际操作的目的。虚拟武器装备操作训练既能解决部队面临的和平时期部队训练场地受限的问题，又能解决军队现阶段大型新式武器装备数量少的难题。例如，解放军炮兵学院为我军驻港部队研制的“虚拟现实炮兵射击指挥系统”有效地解决了驻港部队在训练场地受限条件下组织炮兵进行训练的问题。

（3）近战战术训练。近战战术训练系统将在地理上分散的各个学校、战术分队的多个训练模拟器和仿真器连接起来，以当前的武器系统、配置、战术为基础，将陆军的近战战术训练系统、空军的合成战术训练系统、防空合成战术训练系统、野战炮兵合成战术训练系统、工程兵合成战术训练系统，通过局域网和广域网连接起来。这样的虚拟作战环境，可以使众多军事单位不受地域的限制，参与到作战模拟之中；可以进行战役理论和作战计划的检验，并预测军事行动和作战计划的效果；可以评估武器系统的总体性能，启发新的作战思想。

（4）实施诸军兵种联合演习。按照军队的实际编制、作战原则、战役战术要求，使各军兵种相处异地却共同处于虚拟战场环境中，指挥员根据虚拟环境中的各种情况及其变化，来判断敌情，并采取相应的作战行动。在虚拟战场环境中的诸军兵种联合战役训练中可以做到在不动一枪、一弹、一车的情况下，对一定区域或全区域所属的诸军兵种进行适时协调一致的训练。通过训练能够发现协同作战行动中的问题，提高各军兵种的协同作战能力，并能够对诸军兵种联合训练的原则、方法进行补充和校正。

目前，各国军事部门都很重视这种训练模式，在美国的国防大学中专门开设了联合与合成虚拟作战课程。实践证明，在虚拟战场环境中对诸军兵种进行联合战役训练能够极大地提高参战部队的作战能力，如图3-83～图3-87所示。

图3-83 虚拟军事演练（一）

图3-84 虚拟军事演练（二）

图3-85 虚拟军事演练（三）

图3-86 虚拟军事演练（四）

图3-87 虚拟军事演练（五）

3.9.2 虚拟现实在安全防护领域的应用

虚拟现实技术在安全防护领域同样发挥着重要的

作用。安全事故救援是抢救生命、挽救损失的重要手段。利用虚拟现实技术对于突发事故进行模拟，可以实现重大事故的预警和科学的现场指挥决策；制订灵活、科学、高效的现场救援方案；为重大事故应急预案演练提供全新的训练模式；提高重大事故调查的科学性和权威性。

1. 虚拟现实在大型油罐区重大事故模拟中的应用

目前，我国50%以上的石油要从国外进口，石油战略储备安全是确保国家能源安全的重要措施。国家石油战略储备基地和商业石油储备库中单罐容积最大已达15万立方米；单个储备库规模达数百万立方米；大型石油罐区域总容量达千万立方米。2020年以前，我国将陆续建设国家石油储备第二期、第三期项目，形成相当于100天石油净进口量的储备总规模。大型石油罐区的数量和储油总量逐步增加，因此，大型石油罐区的安全性更加重要，如图3-88所示。

图3-88　油库的虚拟罐区全图

大型石油罐区多临海或临江而建，槽车、管道、油轮等运输设施密集，集中大量危险化学品，是典型的高风险区域。一旦发生火灾、爆炸事故，就有可能形成连锁灾害事故，不仅对罐区内设施、环境、人员生命以及财产安全造成严重威胁，而且火灾、爆炸事故以及应急救援过程往往易引发大面积环境污染等次生灾害事故，给周边城市和环境的安全带来较大风险，如图3-89所示。

图3-89　油罐发生火灾的事故模拟

2005年英国邦斯菲尔德油库火灾、2005年吉林石化双苯厂苯胺装置特大燃爆事故、2009年印度斋浦尔油库火灾以及2010年“7·16”大连原油火灾爆炸等事故，给大型石油罐区的安全敲响了警钟。纵观国内外大型石油罐区的重大事故案例，它们都呈现出事故连锁和后果严重的特点，难以扑救，损失巨大。随着我国经济和社会的发展，能源安全与国民经济平稳健康发展密切相关。因此，政府对大型石油罐区的安全提出了更高的要求。

传统的石油罐区的应急演练有两种形式：一种是通过事故预案来进行桌面演练。由于桌面演练是以二维平面电子地图为基础，对现实世界的表达不是很充分，因此演练效果较差。另一种是实战演练。由于实战演练需要进行较大规模的组织，耗费大量的人力、物力，这在一定程度上影响了实际效果，如图3-90所示。

图3-90　油罐消防应急预案实施

随着虚拟现实技术的发展，将虚拟现实技术和事故数值模拟技术结合起来，应用于大型石油储罐安全领域，对应急响应环节利用三维数字建模和虚拟现实进行真实的再现和重建，对人员训练、火灾预警、现场指挥、现场人员疏散（图3-91）、事故原因调查等，具有重要的意义。

图3-91 人员紧急疏散预案

2. 虚拟现实在矿山救护中的应用

矿山救护队是处理矿井灾害事故的专业化队伍，及时、有效地处理突发事故，抢救受威胁的人员和国家财产是救护队员的职责所在。在救援时，救援行动的成功与否取决于救援人员的业务素质。定期地执行应急推演是传统有效的一种防患方式，可使救护人员在真实模拟的环境中得到培训，但其弊端也相当明显，投入成本高，安全隐患大，大量的投入使得其不可能进行频繁性的执行，同时，受到矿井自然环境因素相对复杂的限制，真实地模拟任何环境是不现实的。

虚拟现实技术为应急演练提供了一种全新的开展模式，其可以生成三维可视、人机交互、用户界面友好的虚拟环境。通过模拟再现真实的矿井环境、火灾事故的情况，从救援小队执行任务的角度出发，模拟接警、出警、事故信息、领取任务、应急处置的救援发展动态过程。救护队员在虚拟的火灾场景中进行应急救援演练，大大降低了投入成本，增加了推演实训时间，可保障演练的安全性、打破空间的限制并组织各地人员进行推演。类似游戏式的训练增加了训练项目的趣味性和吸引力，激发了救护队员的学习和训练热情。

地下采矿机械工作流程仿真如图3-92所示，巷道灾害仿真与模拟演练（瓦斯爆炸、透水事故演练）如图3-93所示。

图3-92 地下采矿机械工作流程仿真

图3-93 巷道灾害仿真与模拟演练（瓦斯爆炸、透水事故演练）

思考题:

1．请你谈谈虚拟现实在医疗领域是如何应用的。

2．请你谈谈虚拟现实在旅游行业是如何应用的。

3．请你谈谈虚拟现实在房地产领域是如何应用的。

4．请你谈谈虚拟现实在游戏领域是如何应用的。

5．请你谈谈虚拟现实在影音媒体领域是如何应用的。

6．请你谈谈虚拟现实在网络购物上是如何应用的。

7．请你谈谈虚拟现实在教育领域是如何应用的。

8．请你谈谈虚拟现实在制造领域是如何应用的。

9．请你谈谈虚拟现实在能源仿真领域是如何应用的。

10．请你谈谈虚拟现实在城市规划领域是如何应用的。

11．请你谈谈虚拟现实在安全防护领域是如何应用的。

12．请你谈谈虚拟现实在文物保护领域是如何应用的。

13．请你谈谈虚拟现实在军事领域是如何应用的。

14．除本章中所提及的虚拟现实在各行业领域的应用外，请你找找虚拟现实在哪些行业还有应用，将其列出来。

第 4 章
虚拟现实的关键技术

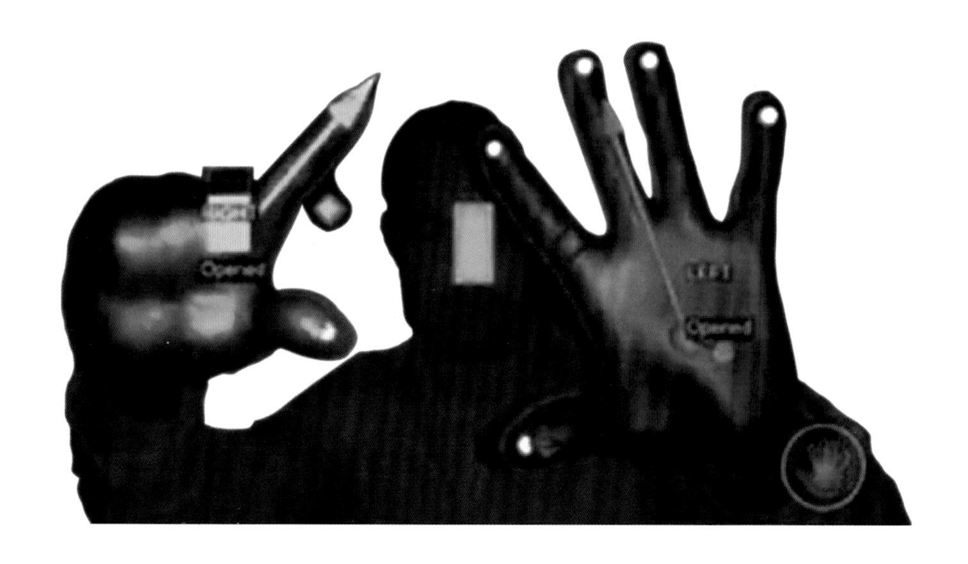

虚拟现实系统的目标是由计算机生成虚拟世界，用户可以与之进行视觉、听觉、触觉、嗅觉、味觉等全方位的交互，并且虚拟现实系统能进行实时响应。要实现这个目标，除需要一些专业的硬件设备外，还需要有较多的相关技术及软件加以保证，特别是在计算机的运行速度还达不到虚拟现实系统所需要求的情况下，相关技术就显得更加重要。要生成一个三维场景，并且能使场景图像随视角不同实时地显示变化，只有设备是远远不够的，还必须相应有一些技术理论支持。也就是说，实现虚拟现实系统，除需要功能强大的、特殊的硬件设备支持外，对相关的软件和技术也提出了很高的要求。

※ 4.1 立体显示技术

人类对客观世界的观察有80%是依赖于视觉，视觉信息的获取是人类感知外部世界、获取信息最主要的传感通道，这就使得视觉通道成为多感知的虚拟现实系统中最重要的环节。在视觉显示技术中，实现立体显示技术是较为复杂与关键的，因此，立体视觉显示技术就成为虚拟现实的一种极为重要的支撑技术。

早在虚拟现实技术研究的初期，计算机图形学的先驱Ivan Sutherland就在其Sword of Damocles系统中实现了三维立体显示，用人眼观察到了空中悬浮的框子，极为引人注意。现在流行的虚拟现实系统WTK、DVISE等都支持立体眼镜或头盔式显示器。立体显示技术的引入，使各种模拟器的仿真更加逼真，使人在虚拟世界里具有更强的沉浸感。

4.1.1 立体视觉的形成原理

立体视觉是人眼在观察事物时所具有的立体感。人眼对获取的景象有相当的深度感知能力（Depth Perception），而这些感知能力又源自人眼可以提取出景象中的深度要素（Depth Cue）。人眼具有双目视差（Binocular Parallax）、运动视差（Motion Parallax），眼睛的适应性调节（Accommodation）、视差图像在人脑的融合（Convergence）使得人们对事物具有立体感。

除以上几种机能外，由于人们有着不同的经验、不同的心理想法，再加上人们观察事物所处的环境不同，所以他们对同一景象的深度感知不同。譬如，人们对同一种事物的颜色有着不同的认知，对同一样事物所产生的阴影有着不同的了解。但相对上述机能来讲，这些要素在建立立体感上是较次要的。

当人们的双眼同时注视某物体时，双眼视线交叉于某个物体对象上，叫作注视点。从注视点反射到视网膜上的光点是对应的。但由于人的两只眼睛相距约65 mm，因此，两眼观察物体对象时的角度是不一样的，从这两点返回的信号也就有了差异。再转入大脑视中枢合成一个物体完整的图像时，人眼不但看清了该物体对象，而且对该对象与周围物体间的距离、深度、凹凸等也都能辨别出来，这样所获取的图像就是一种具有立体感的图像，这种视觉就是人的双眼立体视觉。

实际上，人们在观察事物时，不仅是双眼看物会产生立体感，单眼看物也会产生三维效果，如果一个物体对象有一定的景深效果，单眼观察时会自动进行调节；如果物体是运动的，单眼会产生移动视差，这是物体位置的前后不同引起的移动时的差异。

总之，人类对世界万物的认知从心理到生理都留下了深深的三维轮廓，不可变更。

4.1.2 立体图像再造

人们对现实世界的观察印象是三维的，因此，在虚拟现实系统中，需要通过显示设备还原立体三维效果。借助现代科技对视觉生理的认识和电子科技的发展，目前光学设备主要采用下面4种原理来重构三维环境。

1. 分时技术

分时技术是将两套画面在不同的时间播放，显示器在第一次刷新时播放左眼画面，同时，专用的眼镜遮住观看者的右眼，下一次刷新时播放右眼画面，并遮住观看者的左眼。按照上述方法将两套画面以极快的速度切换，在人眼视觉暂留特性的作用下就合成了连续的画面。目前用于遮住左右眼的眼镜用的都是液晶板，因此也被称为液晶快门眼镜，早期还曾用过机械眼镜。

2. 分光技术

常见的光源都会随机发展自然光和偏振光，分光技术是用偏光滤镜或偏光片滤除特定角度偏振光以外的所有光，让0°的偏振光只进入右眼，90°的偏振光只进入左眼。两种偏振光分别搭载着两套画面，观众须带上专用的偏光眼镜，眼镜的两片镜片由偏光滤镜或偏光片制成，分别可以让0°和90°的偏振光通过，这样就完成了第二次过滤。目前，分光技术的应用还主要停留在投影机上，早期必须使用双投影机加偏振光滤镜的方案，现在已经可以使用单投影机来实现了，不过都必须配合不破坏偏振光的金属投影幕才能使用。

3. 分色技术

分色技术的基本原理（图4-1）是让某些颜色的光只进入左眼，另一部分只进入右眼。人眼睛中的感光细胞共有4种，其中数量最多的是感觉亮度的细胞，另外3种用于感知颜色，分别可以感知红、绿、蓝三种波长的光，感知其他颜色是根据这3种颜色推理出来的，因此，红、绿、蓝被称为光的三原色。

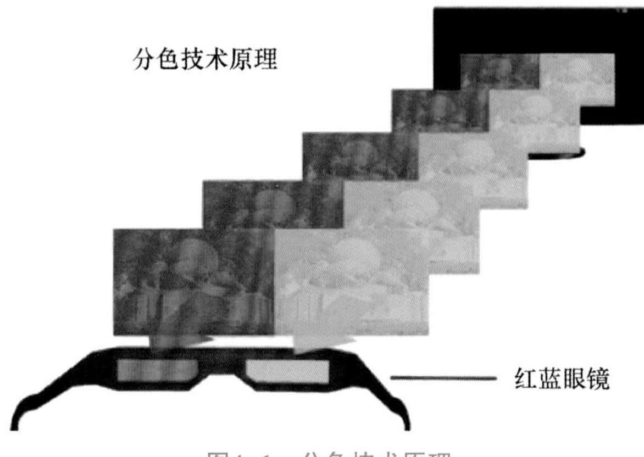

图4-1 分色技术原理

显示器是通过组合这三种原色来显示上亿种颜色的，计算机内的图像资料也大多用三原色的方式储存。分色技术在第一次过滤时要把左眼画面中的蓝色、绿色去除，右眼画面中的红色去除，再将处理过的这两套画面叠合起来，但不完全重叠，左眼画面要偏左边一些，这样就完成了第一次过滤。第二次过滤是观众截上专用的滤色眼镜，眼镜的左边镜片为红色，右边镜片是蓝色或绿色，由于右眼画面同时保留了蓝色和绿色的信息，因此右边的镜片无论是蓝色还是绿色都是一样的。

也有一些眼镜右边为红色，这样第一次过滤时也要对调过来，购买产品时一般都会附赠配套的滤色眼镜，因此标准不统一也不用在意。以红绿眼镜为例，红、绿两色互补，红色镜片会削弱画面中的绿色，绿色镜片会削弱画面中的红色，这样就确保了两套画面只被相应的眼睛看到。其实准确地说是红、青两色互补，青介于绿和蓝之间，因此戴红蓝眼镜也是一样的道理。目前，分色技术的第一次滤色已经开始用计算机来完成了，按上述方法滤色后的片源可以直接制作成DVD等音像制品，在任何彩色显示器上都可以播放。

4. 光栅技术

光栅技术和前三种技术差别较大，它是将屏幕划分成一条条垂直方向上的栅条，栅条交错显示左眼和右眼的画面，如1、3、5…显示左眼画面，2、4、6…显示右眼画面。然后在屏幕和观众之间设一层“视差障碍”，它也是由垂直方向上的栅条组成的，对于液晶这类有背光结构的显示器来说，视差障碍也可设在背光板和液晶板之间。视差障碍的作用是阻挡视线，它遮住了两眼视线交点以外的部分，使左眼看到的栅条右眼看不到，右眼看到的左眼又看不到。不过，如果观看者的位置改变的话，那么视差障碍也要随之改变，为了方便移动视差障碍，小型光栅显示器都是采用液晶板来作为视差障碍的，而检测观看者位置的方法主要有两种：一种是在观看者头上戴一个定位设备；另一种是用两个摄像头来实现一样的定位。

光栅式自由立体显示器主要是由平板显示屏和光栅精度组合而成的，左右眼视差图像按一定的规律排列并显示在平板显示屏上，然后利用光栅的分光作用将左右眼视差图像的光线向不同方向传播，观看者位于合适的观看区域时其左右眼分别观看到左右眼视差图像，经过大脑融合便可观看到有立体感的图像，如图4-2所示。根据采用的光栅类型可分为狭缝光栅式自由立体显示和柱透镜光栅式自由立体显示两类。狭缝光栅式自由立体显示器又分为前置狭缝光栅和后置狭缝光栅两种。

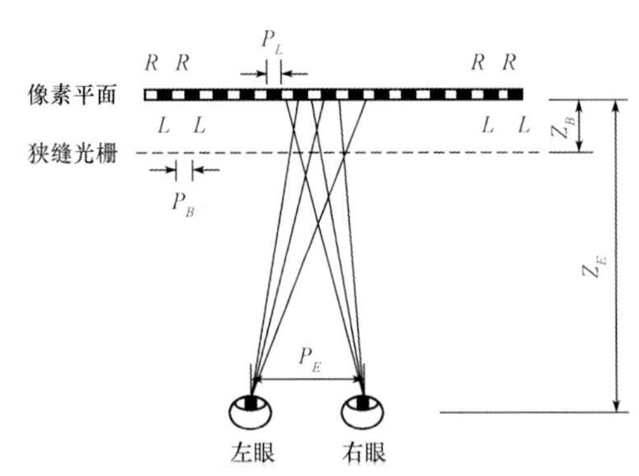

图4-2 光栅式自由立体显示原理

※ 4.2 环境建模技术

在虚拟现实系统中，营造的虚拟环境是它的核心内容，虚拟环境的建立首先要建模，然后在其基础上再进行实时绘制、立体显示，形成一个虚拟的世界。虚拟环境建模的目的是获取实际三维环境的三维数据，并根据其应用的需要，利用获取的三维数据建立相应的虚拟环境模型。只有设计出反映研究对象的真实有效的模型，虚拟现实系统才有可信度。

虚拟现实系统中的虚拟环境，可能有下列几种情况：

（1）模仿真实世界中的环境。例如，建筑物、武器系统或战场环境。这种真实环境可能是已经存在的，也可能是已经设计好但还没有建成的。为了逼真地模仿真实世界中的环境，要求逼真地建立几何模型和物理模型。环境的动态应符合物理规律。这一类虚拟现实系统的功能，实际是系统仿真。

（2）人类主观构造的环境。例如，用于影视制作或电子游戏的三维动画。环境是虚构的，几何模型和物理模型就可以完全虚构。这时，系统的动画技术常用插值方法。

（3）模仿真实世界中的人类不可见的环境。例如，分子的结构、空气中速度、温度、压力的分布等。这种真实环境，是客观存在的，但是人类的视觉和听觉不能感觉到。对于分子结构这类微观环境进行放大尺度的模仿，使人能看到。对于速度这类不可见的物理量，可以用流线表示（流线方向表示速度方向，流线密度表示速度大小）。这一类虚拟现实系统的功能，实际是科学可视化。

建模技术所涉及的内容极为广泛，在计算机建筑、仿真等相关技术中有很多较为成熟的技术与理论。但有些技术对虚拟现实系统来说可能是不适用的，其主要原因就是在虚拟现实系统中必须满足实时性的要求，另外，在这些建模技术中产生的一些信息可能是虚拟现实系统中所不需要的，或是对物体运动的操纵性支持的不够等。

虚拟现实系统中的环境建模技术与其他图形建模技术相比，其特点主要表现在以下三个方面：

（1）虚拟环境中可以有很多物体，往往需要建造大量完全不同类型的物体模型。

（2）虚拟环境中有些物体有自己的行为，而一般其他图形建模系统中只构造静态的物体，或是物体简单的运动。

（3）虚拟环境中的物体必须有良好的操纵性能，当用户与物体进行交互时，物体必须以某种适当的方式来做出相应的反应。

在虚拟现实系统中，环境建模应该包括有基于视觉、听觉、触觉、力觉、味觉等多种感觉通道的建模。但基于目前的技术水平，常见的为三维视觉建模和三维听觉建模。而在当前应用中，环境建模一般主要是三维视觉建模，这方面的理论也较为成熟。三维视觉建模又可以细分为几何建模、物理建模、运动建模等。几何建模是基于几何信息来描述物体模型的建模方法，它处理物体的几何形状的表示，研究图形数据结构的基本问题；物理建模涉及物体的物理属性；行为建模反映研究对象的物理本质及其内在的工作机理。几何建模主要是计算计算机图形学的研究成果，而物理建模与行为建模是多学科协同研究的产物。

4.2.1 几何建模技术

几何建模是开发虚拟现实系统过程中最基本、最重要的工作之一。虚拟环境中的几何模型是物体几何信息的表示，设计表示几何信息的数据结构、相关的构造与该数据结构的算法。虚拟环境中的每个物体包含形状和外观两个方面。物体的形状由构造物体的各个多边形、三角形和顶点来确定，物体的外观则由表面纹理、颜色、光照系数来确定。因此，用于存储虚拟环境中几何模型的模型文件应该提供上述信息。同时，还要满足虚拟建模技术的常用指标，例如，交互式显示能力、交互式操纵能力和易于构造的能力。

对象的几何建模是生成高质量视景图像的先决条件。它是用来表述对象内部固有的几何性质的抽象模型，所表达的内容包括以下几个方面：

（1）对象中基元的轮廓和开头以及反映基元表面特点的属性，如颜色。

（2）基元间的连续性，即基元结构或对象的拓扑特性。连续性的描述可以用矩阵、树、网络等。

（3）应用中要求的数值和说明信息。这些信息不一定是与几何形状有关的，例如，基元的名称、基元的物理特征等。

通常几何建模可以通过以下两种方式实现。

1. 人工的几何建模方法

利用虚拟现实工具软件编程进行建模，如OpenGL、Java 3D、VRML等。这类方法主要针对虚拟现实技术的特点而编写，编程容易、效率较高。直接从某些商品图形库中选取所需的几何图形，可以避免直接用多边形拼构某个对象外形时烦琐的过程，也可节省大量的时间。利用建模软件来进行建模，如AutoCAD、3ds Max、Maya等。用户可交互式地创建某个对象的几何图形，但并非所有要求的数据都以虚拟现实要求的形式提供，实际使用时必须通过相关程序或手工导入自制的工具软件中。

2. 自动的几何建模方法

自动建模的方法有很多，最典型的是采用三维扫描仪对实际物体进行三维建模。它能快速、方便地将真实世界的立体彩色物体信息转换为计算机能直接处理的数字信号，而不需进行复杂、费时的建模工作。

在虚拟现实应用中，有时可采用基于图片的建模技术。对建模对象实地拍摄两张以上的照片，根据透视学和摄影测量学原理，标志和定位对象上的关键控制点，建立三维网络模型。如可使用数码相机直接对建筑物等进行拍摄得到有关建筑物的照片后，采用图片建模软件进行建模，如MetaCreations公司的Canoma是比较早推出的软件，适用于由直线构成的建筑物；REALVIZ公司的ImageModeler是第二代产品，可以制作复杂曲面物体；最近，Discreet推出Plasma等软件。这些软件可以根据所拍摄的一张或几张照片进行快速建模。这类软件与大型3D扫描仪相比较，有使用简单、节省人力、成本低、速度快的优点。但其实际建模效果一般，常用于大场景中建筑物的建模。

4.2.2 物理建模技术

在虚拟现实系统中，包括用户图像在内的虚拟物体必须像真的一样。至少固体物质不能彼此穿过，物体在被推、拉、抓取时应按预期方式运动。所以，几何建模的下一步发展是物理建模，也就是在建模时考虑对象的物理属性。虚拟现实系统的物理建模是基于物理方法的建模，往往采用微分方程来描述，使它构成动力学系统。这种动力学系统由系统分析和系统仿真来研究。系统仿真实际上就是动力学系统的物理仿真。典型的物理建模方法有分形技术和粒子系统等。

1. 分形技术

分形技术是指可以描述具有自相似特征的数据集。自相似的典型例子是树，若不考虑树叶的区别，当我们靠近树梢时，树梢看起来也像一棵大树。由相关的一组树梢构成一根树枝，从一定距离观察时也像一棵大树。当然，由树枝构成的树从适当的距离看时自然是棵树。虽然，这种分析并不十分精确，但比较接近。这种结构上的自相似称为统计意义上的自相似。

自相似结构可用于复杂的不规则外形物体的建模。该技术首先被用于河流和山体的地理特征建模。例如，取三角形三边的中点并按顺序连接起来，将三角形分割成4个三角形。同时，在每个中点随机地赋予一个高度值，然后，递归上述过程，就可产生相当真实的山体。

分形技术的优点是用简单的操作就可以完成复杂的不规则物体建模；缺点是计算量太大，不利于实时性较差。因此，在虚拟现实中一般仅用于静态远景的建模。

2. 粒子系统

粒子系统是一种典型的物理建模系统，粒子系统是用简单的体素完成复杂的运动的建模。所谓体素，是用来构造物体的原子单位，体素的选取决定了建模系统所能构造的对象范围。粒子系统由大量称为粒子的简单体素构成，每个粒子具有位置、速度、颜色和生命周期等属性，这些属性可根据动力学计算和随机过程得到，根据这个可以产生运动进化的画面。而在虚拟现实中，粒子系统常用于描述火焰、水流、雨雪、旋风、喷泉等现象。为产生逼真的图形，它要求有反走样技术，并需要花费大量绘制时间。在虚拟现实中，粒子系统用于动态的、运动的物体建模。

4.2.3 行为建模技术

几何建模与物理建模相结合，可以部分实现虚拟现实“看起来真实、动起来真实”的特征，而要构造一个能够逼真地模拟现实世界的虚拟环境，必须采用行为建模方法。

在虚拟现实应用系统中，很多情况下要求仿真自主智能体，应具有一定的智能性，所以又称为“Agent建模”，它负责物体的运动和行为的描述。如果几何建模是虚拟现实建模的基础，行为建模则真正体现出虚拟现实的特征：一个虚拟现实系统中的物体若没有任何行为和反应，则这个虚拟世界是静止的，没有生命力的，对于虚拟现实用户是没有任何意义的。

行为建模技术主要研究的是物体运动的处理和对其行为的描述，体现了虚拟环境中建模的特征。也就是说，行为建模就是在创建模型的同时，不仅赋予模型外形、质感等表现特征，同时，也赋予模型物理属性和“与生俱来”的行为与反应能力，并且服从一定的客观规律。虚拟环境中的行为动画与传统的计算机还是有很大的不同，这主要表现在两个方面：一是在计算机动画中，动画制作人员可控制整个动画的场景，而在虚拟环境中，用户与虚拟环境可以以任何方式进行自由交互；二是在计算机动画中，动画制作人员可完全计划动画中物体的运动过程，而在虚拟环境中，设计人员只能规定在某些特定条件下物体如何运动。

在虚拟环境行为建模中，其建模方法主要有基于数值插值的运动学方法与基于物理的动力学仿真方法。

1. 运动学方法

运动学方法是指通过几何变换如物体的平移和旋转等来描述运动。在运动控制中，无须知道物体的物理属性。在关键帧动画中，运动是通过显示指定几何变换来实施的，首先设置几个关键帧，以此来区分关键的动作，其他动作可通过内插等方法来完成。

关键帧动画概念来自传统的卡通片制作。在动画制作中，动画师设计卡通片中的关键画面，即关键帧。然后，由助理动画师设计中间帧。在三维计算机动画中，计算机利用插值方法设计中间帧。另一种动画设计方法是样条驱动动画，用户给定物体运动的轨迹样条。

由于运动学方法产生的运动是基于几何变换的，复杂场景的建模将显得比较困难。

2. 动力学仿真方法

动力学运用物理定律而非几何变换来描述物体的行为。在该方法中，运动是通过物体的质量和惯性、力和力矩以及其他的物理作用计算出来的。这种方法的优点是对物体运动的描述更精确，运动更加自然。

与运动学相比，动力学方法能生成更复杂、更逼真的运动，而且需要指定的参数较少。但是计算量很大，而且难以控制。动力学方法的一个重要问题是对运动的控制。若没有有效的控制，用户就必须提供力和力矩的控制指令，这几乎是不可能的。常见的控制方法有预处理法与约束方程法。

采用运动学动画与动力学仿真都可以模拟物体的运动行为，但各有其优越性和局限性。运动学动画技术可以做得很真实和高效，但相对应用面不广，而动力学仿真技术利用真实规律精确描述物体的行为，比较注重物体之间的相互作用，较适合物体之间交互较多的环境建模。

4.2.4 听觉建模技术

1. 声音的空间分布

对任何声音都要求提供正常的空间分布，这就要求考虑被传送声音的复杂频谱。声音的传输涉及空间滤波器的传输功能，这就是在声波由声源传到耳膜时发生的变换（在时间域内，在滤波器脉冲响应中的时间信号，实现同样的变换）。由于存在两只耳朵，每只耳朵加一个滤波器（由声源传到这个耳膜时发生的变换）；由于虚拟环境中多数工作集中在无回声空间，加之声源与耳的距离对应的时间延迟，确定滤波器只需要根据听者的身体、头和耳有关的反射、折射和吸收。于是，传输功能可看人与头有关的传递函数（HRTF）。当然，在考虑真实的反射环境时，传输功能受到环境声结构和人体声结构的影响。对不同声源位置的HRTF估计是通过在听者耳道中的探针麦克风进行直接测量。一旦得到HRTF，就可以监测头部位置，对给定的声源定位，并针对头部位置提供适当的HRTF，实现仿真。

2. 房间声学建模

更复杂的真实的声场模型是为建筑应用开发的，但它不能由当前的空间定位系统实时仿真。随着实时系统计算能力的增加，这些详细模型将适用于仿真真实环境。

建模声场的一般途径是产生第二声源的空间图。在回声空间中，一个声源的声场建模为在无回声环境中一个初始声源和一组离散的第二声源。第二声源可以用3个主要特性描述：距离（延迟）；相对第一声源的频谱修改（空气吸收、表面反射、声源方向、传播衰减）；入射方向（方位和高低）。

通常用两种方法找到第二声源，即镜面图像法和射线跟踪法。镜面图像法确保找到所有几何正确的声音路径。射线跟踪法难以预测为发现所有反射所要求的射线数目。射线跟踪方法的优点是，即使只有很少的处理时间，也能产生合理的结果。

通过调节可用射线的数目，很容易以给定的帧频工作。镜面图像方法由于算法是递归的，不容易改变比例。射线跟踪方法在更复杂的环境得到更好的结果，因为处理时间表面数目的关系是线性的，不是指数的。虽然对给定的测试情况，镜面图像法更有交和，但在某些情况下射线跟踪法性能更好。

※ 4.3 三维虚拟声音的实现技术

在虚拟现实系统中，听觉信息是仅次于视觉信息的第二传感通道，听觉通道给人的听觉系统提供声音显示，也是创建虚拟世界的一个重要组成部分。为了提供身临其境的逼真感觉，听觉通道应该满足一些要求，使人感觉置身于立体的声场中，能识别声音的类型和强度，能判定声源的位置。同时，在虚拟现实系统中加入与视觉并行的三维虚拟声音，一方面可以在很大程度上增强用户在虚拟世界中的沉浸感和交互性；另一方面也可以减弱大脑对于视觉的依赖性，降低沉浸感对视觉信息的要求，使用户能从既有视觉感觉又有听觉感受的环境中获得更多的信息。

三维虚拟声音与人们熟悉的立体声音有所不同。立体声虽然有左右声道之分，但就整体效果而言，立体声来自听者面前的某个平面。而三维虚拟声音则来自围绕听者双耳的一个球形中的任何地方，即声音出现在头的上方、后方或前方。NASA研究人员通过试验研究，证明了三维虚拟声音与立体声的不同感受。他们让试验者戴上立体声耳机，如果采用通用的立体声技术制作声音信息，试验者会感觉到声音在头内回响，而不是来自外界。但如果设法改变声音的混响压力差，试验者就会明显地感觉到位置在变化并开始有了沉浸感，这就是三维虚拟声音。

4.3.1 三维虚拟声音的特征

（1）全向三维定位特性（3D Steering）。全向三维定位特性是指在三维虚拟空间中将实际声音信号定位到特定虚拟专用源的能力。它能使用户准确地判断出声源的精确位置，从而符合人们在真实境界中的听觉方式。如同在现实世界中，一般都是先听到声响，然后再用眼睛去看这个地方，三维声音系统不仅允许用户根据注视的方向，而且可根据所有可能的位置来监视和识别各信息源，可见三维声音系统能提供粗调的机制，用以引导较为细调的视觉能力的注意。在受干扰的可视显示中，用听觉引导肉眼对目标的搜索，要优于无辅助手段的肉眼搜索，即使是对处于视野中心的物体也是如此。

（2）三维实时跟踪特性（3D Real-Time Localization）。三维实时跟踪特性是指在三维虚拟空间中实时跟踪虚拟声源位置变化或景象变化的能力。当用户头部转动时，这个虚拟声源的位置也应随之变化，而使用户感到真实声源的位置并未发生变化。而当虚拟发声物体移动位置时，其声源位置也应有所改变。因为只有声音效果与实时变化的视觉相一致，才可能产生视觉和听觉的叠加与同步效应。如果三维虚拟声音系统不具备这样的实时变化能力，那么看到的景象与听到的声音就会相互矛盾，听觉也会削弱视觉的沉浸感。

4.3.2 语音识别技术

语音是人类最自然的交流方式。与虚拟世界进行语音交互是实现虚拟现实系统中的一个高级目标。语音技术在虚拟现实技术中的关键技术之一即为语音识别技术。

语音识别技术（Automatic Speech Recognition，ASR）是指将人说话的语音信号转换为可被计算机程序所识别的文字信息，从而识别说话人的语音指令以及文字内容的技术。

语音识别一般包括参数提取、参考模式建立、模式识别等过程。当用户通过一个话筒将声音输入系统中，系统把它转换成数据文件后，语音识别软件便开始以用户输入的声音样本与事先储存好的声音样本进行对比工作，声音对比工作完成之后，系统就会输入一个它认为最“像”的声音样本序号，由此可以知道用户刚才念的声音是什么意义，进而执行此命令。说起来简单，但要真正建立识别率高的语音识别系统，是非常困难而专业的。目前，世界各地的研究人员还在努力研究最好的方式。

4.3.3 语音合成技术

语音合成技术（Text To Speech，TTS）是指用人工的方法生成语音的技术，当计算机合成语音时，如何能做到听话人能理解其意图并感知其情感，一般对语音的要求是可懂、清晰、自然、具有表现力。语音合成技术是一门综合性的前沿新技术，该技术相当于给机器装上了人工嘴巴。它涉及声学、语言学、数字信号处理、计算机科学等多个学科技术。

由于交互的需要，用户可以向虚拟现实系统自由地用语音或者是文字传递信息，而虚拟现实系统则可通过语音合成技术用声音反馈给用户。

由于语音与普通声音不同，具有特殊的波形纹理和周期，并且由于语言和人有较大的差异，所以机器在语音识别过程中需要进行语音信号的预处理、特征提取、模式匹配等几个步骤。预处理包括预滤波、采样和量化、加窗、端点检测、预加重等过程。其中特征参数是语音信号识别中最为重要的一环。

在虚拟现实系统中，采用语音合成技术可提高沉浸效果。当试验者戴上一个低分辨率的头盔显示器后，主要是从显示中获取图像信息，而几乎不能从显示中获取文字信息。这时通过语音合成技术用声音读出必要的命令及文字信息，就可以弥补视觉信息的不足。

如果将语音合成技术和语音识别技术结合起来，就可以使试验者与计算机所创建的虚拟环境进行简单的语音交流了。当使用者的双手正忙于执行其他任务，这个语音交流的功能就显得极为重要了。

※ 4.4 人机自然交互技术

人机交互是人与计算机之间信息交流的简称。从冯•诺伊曼计算机诞生之日起，人机交互就作为计算机科学研究领域中的一个组成部分受到人们的关注。在其后半个多世纪的发展中，人机交互技术取得了很大的进步。它的发展可分为以下四个阶段：

（1）基于键盘和字符显示器的交互阶段。人机交互采用的是命令行方式（CLI），这是人机交互接口第一代。人机交互使用了文本编辑的方法，可以把各种输入/输出信息显示在屏幕上，并通过问答式对话、文本菜单或命令语言等进行人机交互。但在这种接口中，用户只能使用手敲击键盘这一种交互通道，通过键盘输入信息，输出的也只能是简单的字符。因此，这一时期的人机交互接口的自然性和效率都相当差。人们使用计算机，必须先经过很长时间的培训与学习。

（2）基于鼠标和图形显示器的交互阶段。在这一阶段，人们不需要再死记硬背大量的命令，可以通过窗口、图标、菜单、指点装置直接对屏幕上的对象进行操作，即形成了所谓的WIMP的第二代人机接口。与命令行接口相比，图形用户接口采用视图、点（鼠标），使得人机交互的自然性和效率都有较大的提高，从而极大地方便了非专业用户的使用。

（3）基于多媒体技术的交互阶段。在这一阶段，多媒体接口界面成为流行的交互方式。人们不仅用键盘和鼠标进行交互，还利用话筒、摄像机及喇叭等多媒体输入/输出设备进行交互。与此同时，人机交互的内容随着语音识别技术的完善变得更加丰富，用户能以声、像、图、文等多种媒体信息与计算机进行信息交流。但是这一阶段的多媒体交互技术仍处于独立媒体的存取、编辑状态，没能涉及多媒体信息的综合处理。

（4）基于多模态技术集成的自然交互阶段。虽然通过多媒体信息进行人机交互极大地丰富了人机交互的手段和内容，但离人类天生的自然交互能力还差得很远。因为人类在与其环境进行交互时是多模态的，人可以同时说、指和看同一个物体，还可以通过同时听一个人的说话语气和看他的面部表情及手臂动作来判断他的情绪。人类与环境之间的交互还是基于知识的，因为人类的行为动作是在思维的控制下进行的，同样，人类对信息的反馈也是在思维的支配下识别的。而在虚拟现实技术中，基于多模态技术集成的自然交互技术是其重要标志之一。

人机自然交互技术如图4-3所示。

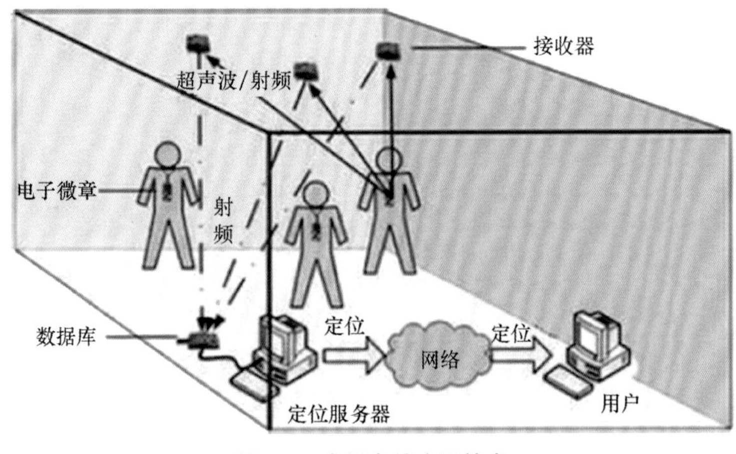

图4-3 人机自然交互技术

4.4.1 手势识别技术

手势是一种自然、直观、易于学习的人机交互手段。以人手直接作为计算机的输入设备，人机间的通信将不再需要中间媒体，用户可以简单地定义一种适当的手势对周围的机器进行控制。手势研究可分为手势合成和手势识别。前者属于计算机图形学的问题；后者属于模式识别的问题。手势识别技术可分为基于数据手套和基于计算机视觉两大类。

基于数据手套的手势识别系统，是利用数据手套和位置跟踪器来捕捉手势在空间运动的轨迹和时序信息，对较为复杂的手的动作进行检测，包括手的位置、方向和手指弯曲度等，并可根据这些信息对手势进行分类，因而较为实用。该方法的优点是系统的识别率高；缺点是做手势的人要穿戴复杂的数据手套和位置跟踪器，相对限制了人手的自由运动，并且数据手套、位置跟踪器等输入设备价格比较昂贵。基于计算机视觉的手势识别是从视觉通道获得信号，有的要求人手戴上特殊颜色的手套，有的要求戴多种颜色的手套来确定人手各部位，通常采用摄像机采集手势信息，由摄像机连续拍摄下手部的运动图像后，先采用轮廓的办法识别出手上的每一个手指，进而再用边界特征识别的方法区分出一个较小的、集中的各种手势。该方法的优点是输入设备比较便宜，使用时不干扰用户，但识别率比较低，实时性较差，特别是很难用于大词汇量的手势识别。

手势识别技术主要有模板匹配技术、人工神经网络技术和统计分析技术。模板匹配技术是将传感器输入的数据与预定义的手势模板进行匹配，通过测量两者的相似度来识别出手势；人工神经网络技术是具有自组织和自学习能力，能有效地抗噪声和处理不完整的模式，是一种比较优良的模式识别技术；统计分析技术是通过基于概率的方法来统计样本特征向量确定分类的一种识别方法。

手势识别技术的研究不仅能与虚拟现实系统交互更自然，同时，还能有助于改善和提高聋哑人的生活学习和工作条件，同时，也可以应用于计算机辅助哑语教学、电视节目双语播放、虚拟人的研究、电影制作中的特技处理、动画的制作、医疗研究、游戏娱乐等诸多方面，如图4-4所示。

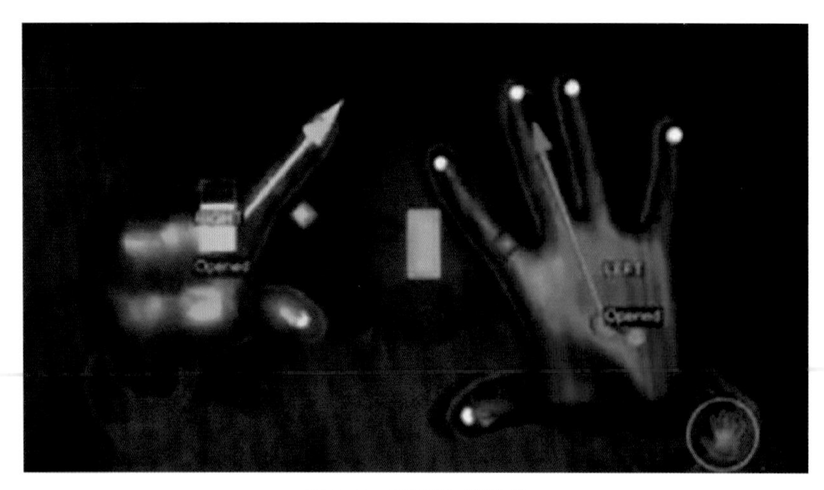

图4-4　手势识别技术

4.4.2　面部表情识别

喜、怒、哀、乐皆为情，表情是人们的内心世界通过人的脸部区域反映出来的信息。这种表现形式在人们的交流中起着非常重要的作用，是人们进行非语言交流的一种重要的方式。表情含有丰富的人体行为信息，是情感最主要的载体，对它的研究可以进一步了解人类对应的心理状态。有心理学家认为，情感表达=7%语言+38%声音+55%面部表情，可见人脸表情与情感表达的关系十分密切。

对人脸面部表情的识别与研究具有广泛的应用前景，如虚拟现实自然人机交互、心理学研究、远程教育、安全驾驶、公共场合安全监控、辨别谎言、计算机游戏、临床医学及人类精神病理分析等。尽管表情识别对未来的人机交互技术具有重要的价值，但由于面部表情具有多样性和复杂性特征，并且涉及生理学及心理学，因此表情识别具有较大的难度。与其他生物识别技术如指纹识别、虹膜识别、人脸识别等相比，表情识别发展相对较慢，如图4-5所示。

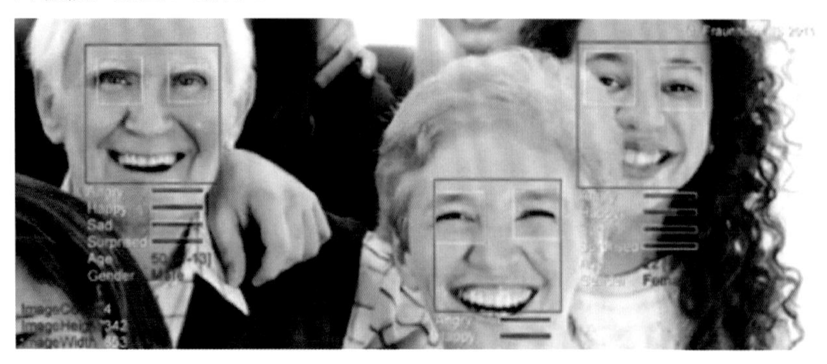

图4-5　面部表情识别

计算机科学在研究人脸面部表情识别时通常包括4个步骤，即人脸图像的检测与定位、表情图像预处理、表情特征提取、表情分类。

1. 人脸图像的检测与定位

人脸图像的检测与定位就是在输入图像中找到人脸的确切位置。它是人脸表情识别的第一步。人脸检测的思想是建立人脸模型，比较输入图像中所有可能的待检测区域与人脸模型的匹配程度，从而得到可能存在人脸的区域。根据对人脸知识利用方式的不同，可以将人脸检测方法分为以下两大类：

（1）基于特征的人脸检测方法。该类方法直接利用人脸信息，如人脸肤色、人脸的几何结构等，这类方法大多用模式识别的经典理论，应用较多。

（2）基于图像的人脸检测方法。该类方法并不直接利用人脸信息，而是将人脸检测问题看作一般的模式识别问题，待检测图像被直接作为系统输入，中间不需特征提取和分析，直接利用训练算法将学习样本分为人脸类和非人脸类。检测人脸时只要比较这两类与可能的人脸区域，即可判断检测区域是否为人脸。

2. 表情图像预处理

图像预处理常常采用信号处理的形式（如去噪、像素位置或者光照变量的标准化），还包括人脸及其组成的分割、定位或跟踪。表情的表示对图像中头的平移、尺度变化和旋转是敏感的。为了消除这些不必要的变换的影响，人脸表情图像可以在分类前进行标准化的预处理。

3. 表情特征提取

表情特征是人脸表情识别（FER）系统中最重要的部分。有效的表情特征工作将使识别的性能大大提高。

表情特征根据图像性质的不

同，可分为静态图像特征提取和序列图像特征提取。静态图像中提取的是表情的形变特征，即表情的暂态特征；而对于序列图像，不仅要每一帧的表情形变特征，还要提取连续序列的运动特征。形变特征提取必须信赖中性表情或模型，把产生的表情与中性表情做比较，从而提取特征，而运动特征的提取则直接依赖于表情产生的面部变化。特征选取的依据如下：尽可能多地携带人脸面部表情的特征，即信息量丰富；尽可能容易提取；信息相对稳定，受光照变化等外界的影响小。表情形变特征提取的常用方法有主成分分析法（Principal Component Analysis，PCA）、Gabor小波法、基于模型的方法等。

4. 表情分类

表情识别的最后就是表情分类。提取特征之后，通过分类器就可以确定给定的对象属于哪一类。基本方法是在样本集的基础上确定判别规则，对于新给定的对象，根据已有的判别规则来分类，从而达到识别的目的。一个良好的分类器可以使分类造成的错误率最小，因此，分类器的设计也是表情识别的关键。一般常用的分类方法有以下几种：

（1）最近邻法。最近邻法是基于样本间距离的一种分类方法。

（2）基于模板的匹配方法。为每一个要识别的表情建立一个模板，将待检测表情与每种表情模板进行匹配，匹配程度越高，则待检测表情与某种表情越相似。

（3）基于网络的方法。采用神经网络方法具有识别率高的特点，但神经网络方法的训练工作量非常大。

（4）基于概率模型的方法。估计表情图像的参数分布模型，分别计算被测表情属于每个类的概率，取最大概率的类别为识别结果。

4.4.3 眼动跟踪

虚拟现实系统中的视觉感知主要依赖于对用户头部方位的跟踪，即当用户的头部发生运动时，生成虚拟环境中的场景将会随之改变，从而实现实时的视觉显示。但在现实世界中，人们可能经常在不转动头部的情况下，仅仅通过移动视线来观察一定范围内的环境或物体。在这一点上，单纯依靠头部跟踪是不全面的。为了模拟人眼的这个性能，在虚拟现实系统中，将视线的移动作为人机交互方式。它不但可以弥补头部跟踪技术的不足，还可以简化传统交互过程中的步骤，使交互更直接。

眼动追踪是指通过测量眼睛注视点的位置或眼球相对于头部的运动而实现对眼球运动的追踪。

在眼动跟踪技术中，主要实现手段可以分为以硬件为基础和以软件为基础两类。以硬件为基础的跟踪技术需要用户戴上特制头盔、特殊隐形眼镜，或者使用头部固定架、置于用户头顶的摄像机等。这种方式识别精度高，但对用户的干扰很大。

为了克服眼动跟踪装置对人的干扰，近年来人们提出了以软件为主，实现对用户无干扰的眼动跟踪方法。其基本工作原理是先利用摄像机获取人眼或脸部图像，然后用图像处理算法实现图像中人脸和人眼的检测、定位与跟踪，从而估算用户的注视位置。

眼动跟踪技术中主要使用两种图像处理方法，即可见光谱成像和红外光谱成像。可见光谱成像是一种被动的方式，通过捕捉眼睛的反射光捕捉虹膜和巩膜之间的轮廓作为特征，然后进行定位；红外光谱成像通过使用一个用户无法感知的红外光控制来主动消除镜面反射，它通过跟踪瞳孔轮廓进行定位，因为瞳孔轮廓比角膜缘更小、更尖锐，因而定位效果更具优势，如图4-6所示。

图4-6 眼动跟踪技术

4.4.4 触觉反馈传感技术

对人类获取信息能力的研究表明，触觉是除视觉和听觉外最重要的感觉，是人类认识外界环境并与环境进行交互的重要手段。在实际工作中，很多操作任务要求操作者必须有效感知接触状况才能进行精确控制。在虚拟现实环境下，触觉交互表现得更加重要，如在虚拟手术训练中引入触觉反馈，可以使医生训练时不仅能够看到而且还能感觉到手术器官，医生能够进入虚拟世界，通过手和手臂的运动与虚拟模型和环境进行交互，形成对虚拟模型的完整认识，并感受到与虚拟对象交互产生的触觉和力，如同操作真实物体一样，使得操作训练更真实、准确。

从力反馈设备的交互属性看，可以分为主动型力/触觉设备和被动型力/触觉设备。主动型力/触觉设备是在操作时系统主动给用户的感官发出力的感受，大多数设备都为此类；被动型力/触觉设备则是当人手给出力的过程中系统反馈给用户一定比例的力，使得虚拟交互更加逼真。

1. 主动型力/触觉设备

主动型力/触觉设备可划分为3种，即固定型设备、可穿戴设备、点交互设备和专用设备。

（1）固定型设备。有许多力反馈交互设备能够为整个人手或胳膊及其身体其他部位提供力反馈信息，其中，爱荷华州的力反馈外骨骼机构利用磁场为使用者提供力信息就是其中的典型之一。

（2）可穿戴设备。数据手套或数据衣属于此类。例如，日本筑波大学的虚拟实验室研究的WearableMaster将一个3自由度电机驱动的杆安装在手臂上，为手指力的信息。又如，力反馈数据手套由VT公司开发，可进行硬度再现和力/触觉效果再现等。

（3）点交互设备和专用设备。典型的点交互设备是Phantom，该设备通过具有6自由度操作终端与指尖进行点交互。另一种点交互设备是加拿大麦吉尔大学的伸缩绘图仪，通过单点反馈力信息。专用设备的一个例子是英国赫尔大学计算机科学系研制的外科手术模拟器VEATS——虚拟环境膝盖关节镜检查训练系统，用于对外科医生进行膝盖外科手术训练。

2. 被动力/触觉设备

被动力反馈驱动系统无须系统提供能量，所以其本身具备稳定的特点，也不会对操作用户造成伤害。与同体积的主动力反馈系统相比，所反馈力的范围要大得多，其设备装置可以做得很小、很轻。

4.4.5 虚拟嗅觉交互技术

虚拟嗅觉是虚拟现实系统的重要组成部分，它能够使人们在虚拟环境里闻到逼真的气味，可极大地增强虚拟环境里的感知性、沉浸性和交互性。特别是虚拟嗅觉在数字博物馆、科学馆、沉浸式互动游戏和体验式教学等方面，具有其他虚拟感知不可替代的作用。

1. 虚拟嗅觉相关要素

虚拟嗅觉是多学科交叉且综合性强的技术，涉及计算机、机械、传感和人类感知等多个领域。对于虚拟嗅觉应用，有3个相关要素，即人的嗅觉生理结构、气味源、虚拟环境特性。

人的嗅觉生理结构是鼻腔受某种挥发性气体物质刺激后产生的一种生理反应。绝大多数气味都是由多种气体分子组成的，其中每种气体分子会激活相应的多个气味受体，气味受体位于鼻腔上端的嗅上皮内，气味受体被激活后产生脉冲电信号，并通过“嗅小球”和大脑其他区域的信号传递组合成一定的气味模式。最终，大脑有意识地辨别和记忆不同的气味。

气味由气味源产生，扩散在空气中被人的嗅觉感知。一种物质要具有气味，首先这种物质要具有挥发性，可将它的分子释放到空气中；其次它必须微溶于水，这样，分子才能穿过覆盖在嗅觉器官上的黏膜，从而达到刺激大脑皮层的作用。

虚拟环境中的嗅觉研究重点是它的感官交互性、实时性和感知融合性。交互性是指当用户与虚拟环境交互时，用户与虚拟环境之间的嗅觉信息流、气味信息会影响用户的情绪、判断和行为；反之，用户的操作也可以引发虚拟环境生成不同的气味。实时性是指在虚拟嗅觉交互过程中要让用户实时感知到气味，避免嗅觉反馈延时。

2. 虚拟嗅觉关键技术

（1）气味的生成和发送。虚

拟环境中的嗅觉感知，首先要让气味源生成气味分子，然后把气味分子发送给用户。根据气味源的不同物理属性，需要用不同的方法生成气味分子。例如，对于固态或液态的气味源，可通过电阻丝加热等方法使其挥发出气味分子。

（2）气味的改变和驱除。气味分子具有较强的持续性和延时滞留性，难以快速散尽，这容易引发用户嗅觉的惰性及多种气味混合引起的串味问题，破坏虚拟环境的实时性和真实感。因此，虚拟嗅觉研究要关注气味改变和驱除问题。

※ 4.5 实时碰撞检测技术

为了保证虚拟环境的真实性，用户不仅要能从视觉上如实看到虚拟环境中的虚拟物体及它们的表现，而且要能身临其境地与它们进行各种交互。这就首先要求虚拟环境中的固体物体是不可穿透的，当用户接触到物体并进行拉、推、抓取时，能真实碰撞的发生并实时做出相应的反应。这就需要虚拟现实系统能够及时检测出这些碰撞，产生相应的碰撞反应，并及时更新场景输出，否则就会发生穿透现象。正是有了碰撞检测，才可以避免诸如人穿墙而过等不真实情况的发生，虚拟的世界才有真实感。

在虚拟世界中，通常包含有很多静止的环境对象与运动的活动物体。每一个虚拟物体的几何模型往往都是由成千上万个几何元素组成。虚拟环境的几何复杂性使得碰撞检测的计算复杂度大大提高。同时，由于虚拟现实系统中有较高实时性的要求，所以检测必须在很短的时间（如30～50 ms）内完成，因而，碰撞检测成了虚拟现实系统与其他实时仿真系统的瓶颈，如图4-7所示。

图4-7 实时碰撞检测技术

4.5.1 碰撞检测的要求

在虚拟现实系统中，为了保证虚拟世界的真实性，碰撞检测须有较高实时性和精确性。所谓实时性，是基于视觉显示的要求，碰撞检测的速度一般至少要达到24 Hz，而基于触觉要求，碰撞检测的速度至少要达到300 Hz才能维持触觉交互系统的稳定性，只有达到1 000 Hz才能获得平滑的效果。

而精确的要求则取决于虚拟现实系统在实际应用中的要求，例如，对于小区漫游系统，若两个物体之间的距离比较近，而不管实际有没有发生碰撞，只要近似模拟碰撞情况，都可以将其当作是发生了碰撞，并粗略计算其发生的碰撞位置。而对于如虚拟手术仿真、虚拟装配等系统的应用时，就必须精确地检测碰撞是否发生并实时地计算出碰撞发生的位置，并产生相应的反应。

4.5.2 碰撞检测的实现方法

对两物体之间的精确碰撞检测的加速实现，现有的碰撞检测算法主要可划分为层次包围盒法和空间分解法两大类。这两种方法都是为了尽可能地减少需要相交测试的对象对或是基本几何元素对的数目。

（1）层次包围盒法是碰撞检测算法中广泛使用的一种方法。其是解决碰撞检测问题固有时间复杂性的一种有效的方法。它的基本思想是利用体积略大而几何特性简单的包围盒来近似地描述复杂的几何对象，并通过构造树状层次结构来逼近对象的几何模型，从而在对包围盒树进行遍历的过程中，通过包围盒的快速相交测试来及早地排除明显不可能相交的基本几何元素，快速剔除不发生碰撞的元素，减少大量不必要的相交测试，而只对包围和重叠的部分元素进行进一步的相交测试，从而加快了碰撞检测的速度，提高了碰撞检测效率。比较典型的包围盒类型有沿坐标轴的包围盒AABB、包围球、方向包围盒、固定方向凸包等。层次包围法适用于复杂环境中的碰撞检测。

（2）空间分解法是将整个虚拟空间划分成相等体积的小的单元格。只对占据同一单元格或相邻单元格的几何对象进行相交测试。比较典型的方法有K-D树、八叉树和BSP树、四面体网、规则网等。空间分解法通常适用于稀疏的环境中分布比较均匀的几何对象间的碰撞检测。

思考题：

1. 虚拟现实有哪些关键技术？
2. 请你说说立体视觉的形成原理。
3. 目前光学设备主要采用哪些原理来重构三维环境？
4. 环境建模技术包含哪几种技术？
5. 人机自然交互技术包含哪些技术？
6. 在实时碰撞检测技术中，对碰撞检测的要求是什么？

第5章
增强现实

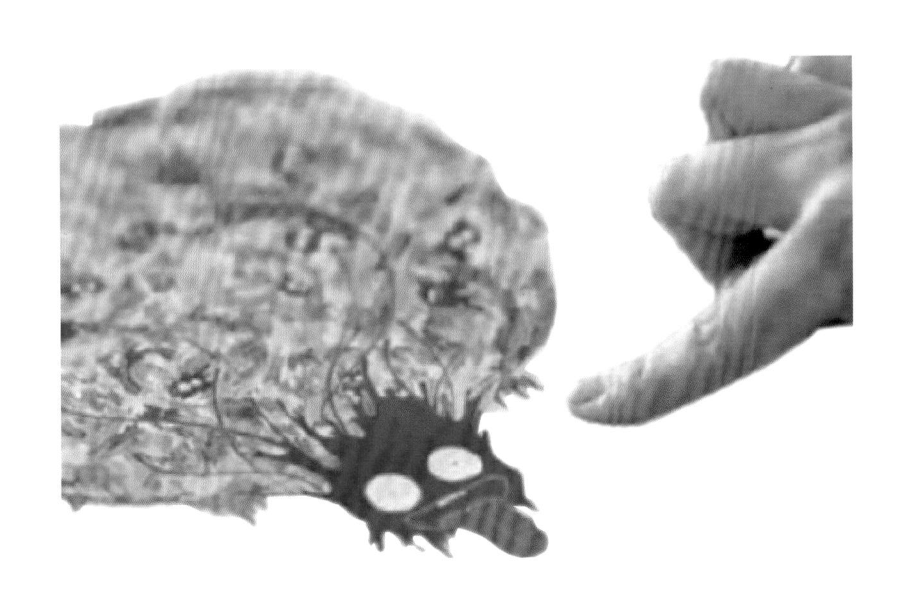

2010年上海世博会芬兰馆展区中，一件利用诺基亚手机进行增强现实互动的设计曾引起观众的广泛关注，当参观者以手机对准印制在纸张上的二维码时，一只3D小狐狸就活灵活现地展现在眼前。然而时隔7年，这种以简单的3D虚拟形象叠加在纸质图书上的做法已经难以收到往日的效果了，读者对增强现实出版物有了更进一步的要求。除虚拟演示的设计要更精美外，读者与图书的交互关系也越发受到重视；并且随着各种传感器的加入，读者、图书与虚拟演示之间的互动也越来越丰富。

有一款名为《动物世界地图》的增强现实的儿童科普出版物，当读者拍摄地图时，屏幕上就会显现出各种动物在世界各地的分布情况。当然，读者可进一步通过点击屏幕中的动物，了解它们的详细信息。相比于这种简单识别地图上不同色块的位置与范围的技术，在一些更精确运用摄像头的案例中，当读者调整屏幕的角度或与图书的距离时，就如同现场观察一件真实存在的立体模型一样，如图5-1所示。

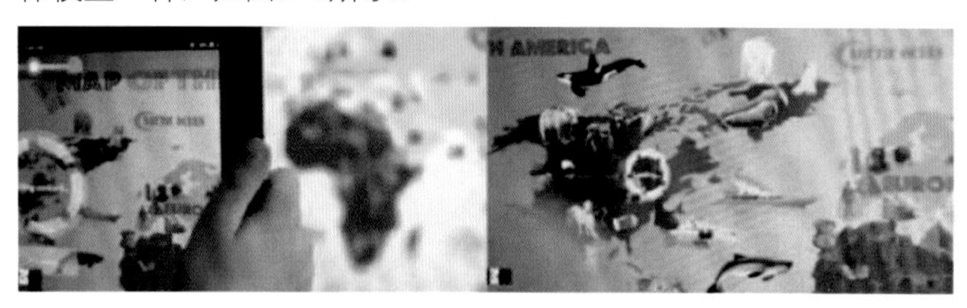

图5-1　基于摄像头实现互动的《动物世界地图》

迪士尼开发了一款将手机与微型投影仪结合的设备，利用手机摄像头拍摄图书页面并识别上面隐藏的标记，同时，以微型投影仪将虚拟影像投射在页面的局部，形成一个出现在纸质图书表面的光影动画形象。此形象能够根据纸质页面上的画面内容做出相应的动作，使纸质图书与虚拟演示配合得完美无间，如图5-2所示。

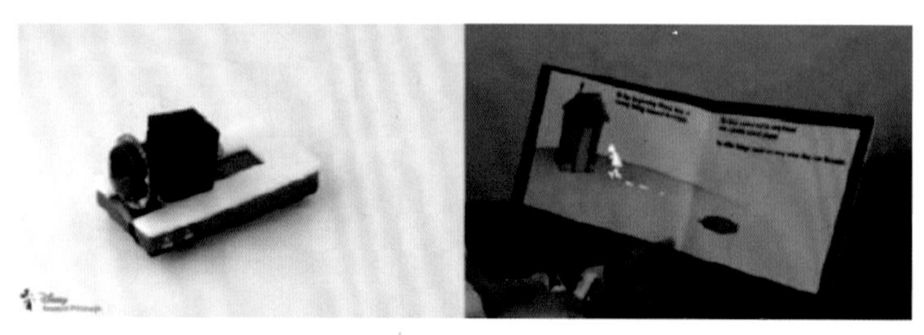

图5-2　迪士尼公司开发的新型增强现实设备

在一款Metaio团队开发的读书应用中，设计者为智能眼镜增加了红外传感器，通过热成像技术来判断手指的点击操作，同时，利用摄像头捕捉书本和手指的彩色图像，将两者通过增强现实技术进行重合，就可以实现读者与图书之间的有趣互动。当读者触碰印刷的汽车照片相应位置时，红外传感器可通过读者遗留在书上的热量判断出点击的动作，即虚拟演示此部件的功能（图5-3）；甚至还可以为此书亲手“点赞”，能够很好地激发儿童的兴趣（图5-4）。

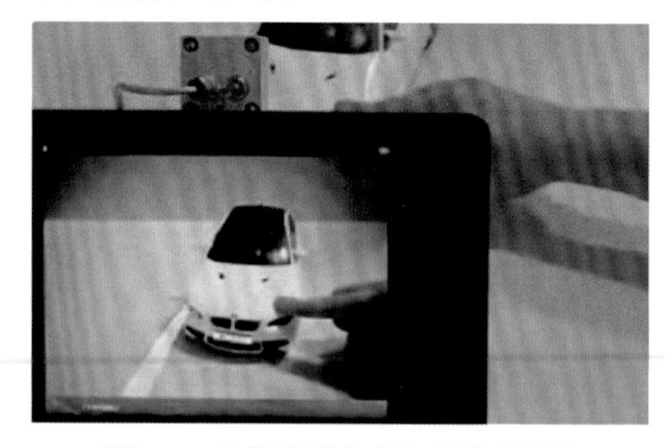

图5-3　手指残留在书上的热量影像

图5-4　为图书“手工点赞”

上述例子是增强现实在儿童科普读物中的应用。它将真实世界信息和虚拟世界信息“无缝”集成在一起，将原本在书籍中很难体验到的实体信息（视觉信息、声音、味道、触觉等），通过计算机模拟仿真再叠加到书中，达到超越现实的感官体验。

那么，什么是增强现实？它目前的研究现状如何？它与虚拟现实之间有什么区别和联系？它的关键技术是什么？它在哪些领域得到了应用？大家将在本章中为这些问题找到答案。

※ 5.1　增强现实的概念

增强现实这一概念最早出现于20世纪90年代初期，波音公司的Caudell和他的同事设计了一个辅助布线系统，利用透视式头盔显示器将布线路径和文字提示等信息实时地叠加到机械师的视野中，这些虚拟的辅助信息可以帮助机械师一步一步地正确完成整个复杂的拆卸过程。此后，AR技术受到了越来越多的关注，多种不同形式的AR系统相继被提出并实现。那么，什么是增强现实呢？

目前，对于增强现实有两种通用的定义：一种是美国北卡罗来纳大学Ronald Azuma于1997年提出的，他认为增强现实包括虚拟物与现实结合、实时和三维三个方面的内容；另一种是1994年保罗•米尔格拉姆（Paul Milgram）和岸野文郎（Fumio Kishino）提出的现实—虚拟现实连续体（Reality-Virtuality Continuum），如图5-5所示。他们将真实环境和虚拟环境分别作为连续体的两端，位于它们中间的被称为“混合实境（Mixed Reality）”。其中靠近真实环境的是增强现实（Augmented Reality），靠近虚拟环境的则是扩增虚境（Augmented Virtuality）。

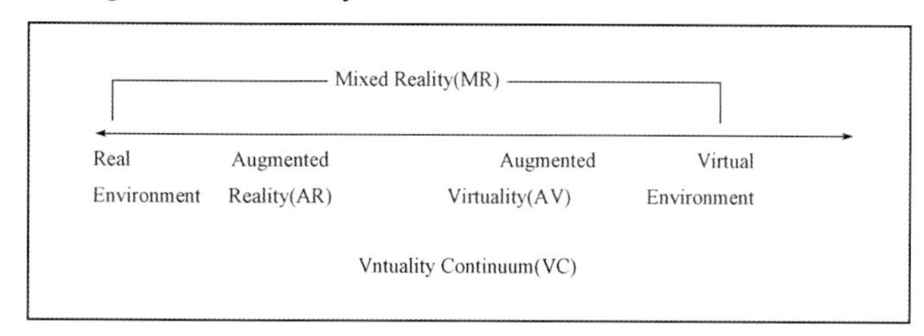

图5-5 现实—虚拟现实连续体图示

这两种定义都揭示了增强现实作为创新人机交互所特有的技术优势，即虚实结合以及实时自然交互。综合上述两种定义，可以将增强现实（Augment Reality，AR）定义为：利用计算机产生的虚拟信息对用户所观察的真实环境进行融合，真实环境和虚拟物体实时地叠加到了同一个画面或空间中，增强了用户对周围世界的感知。与虚拟现实 （VR） 技术相比，它是在虚拟现实基础上发展起来的一种综合了计算机视觉、图形学、图像处理、多传感器技术、显示技术的新兴计算机应用和人机交互技术。增强现实技术提供了在一般情况下不同于人类可以感知的信息，不仅展现了真实世界的信息，而且将虚拟的信息同时显示出来，两种信息相互补充、叠加。在视觉化的增强现实中，用户利用头盔显示器，把真实世界与电脑图形多重合成在一起，便可以看到真实的世界围绕着它。增强现实技术并不是一项独立技术，它与现实生活中各类信息结合紧密，可以实现信息快速发掘、特殊场景展示、广泛分享等各种应用，美国《时代》杂志在2010年将移动增强现实技术及应用列为引领未来的十大科技趋势之一。图5-6所示为增强现实在军事训练中的应用，使用者在真实的机舱环境下操作，可以看到机舱内部各部件及自身的真实情况，也能看到计算机模拟出来的飞行环境。

图5-6 增强现实在军事训练中的应用

※ 5.2 增强现实的研究现状

国外专注于增强现实技术的高校与科研机构一般将重点放在技术核心部分的算法、人机交互方式、软硬件基础平台的研究上，其中比较著名的有美国西雅图华盛顿大学的Human Interface Technology Lab，其支持研究的AR Toolkit开源项目是业内最早的基于矩形识别标识进行三维空间注册的成熟增强现实引擎；瑞士洛桑理工学院的Computer Vision Laboratory，其基于自然平面图像与立体物体识别追踪的三维注册算法被公认为代表业内的领先水平；新加坡国立大学的Interactive Multimedia Lab，专注于基于增强现实技术的人机交互技术的研究；德国宝马实验室，正在研究并开发的增强现实辅助汽车机械维修项目，目标是实现基于可穿戴计算机的第一视角增强现实方案。

与此同时，一些技术公司则将成熟的核心技术与特定行业需求结合进行产品开发。其中在业内比较有影响力的包括：美国的AR Toolworks公司，拥有AR Toolkit引擎的版权并将其软件开发库进行商业化发布；新加坡的MXR公司，开发出面向科教领域的wl-zCards和wlzQubes产品平台以及结合增强现实技术的建筑设计外观、内部结构互动展示平台；德国Metaio公司，拥有自主研发的基于各种平面图像识别追踪技术的跨平台增强现实解决方案Unifeye，应用于展会广告、设计展示、工业仿真、原型展示、移动应用等大众与专业领域；法国的Total Immersion公司开发了完整的D′ Fusion跨平台增强现实解决方案，支持专业领域的增强现实应用。国内涉足增强现实技术的高校和科研机构较少，主要有北京理工大学光电信息技术与颜色工程研究所、浙江大学计算机辅助设计与图形学国家重点实验室、电子科技大学移动计算研究中心等，专注技术研发的公司有北京触角科技有限公司等。

※ 5.3 增强现实和虚拟现实的区别和联系

增强现实和虚拟现实的联系非常紧密，增强现实是由虚拟现实发展起来的，两种技术可以说同根同源，均涵盖了计算机视觉、图形学、图像处理、多传感器技术、显示技术、人机交互技术等领域，二者有很多相似点和相关性。首先，无论是虚拟现实还是增强现实都需要计算机生成相应的虚拟信息；其次，二者要使计算机产生虚拟信息呈现在使用者面前，都需要用户使用头盔或类似显示设备；再次，用户要与计算机产生的虚拟信息进行实时互动交互都需要通过相应设备。

但增强现实与虚拟现实也存在一定程度上的差异，其差异主要体现在以下四个方面：

（1）增强现实与虚拟现实最显著的差别在于对浸没感的要求不同。虚拟现实系统强调用户在虚拟环境中视觉、听觉、触觉等感官的完全浸没。它通常需要借助将用户视觉与现实环境隔离的显示设备（图5-7），将用户的感官与现实世界彻底绝缘，使其沉浸在一个完全由计算机控制的信息空间中，用户完全无法看到外部的现实环境。

与之相反，增强现实系统不仅没有要求用户与周围的现实环境隔离，而且强调用户在现实世界的存在性并努力维持其感官效果的不变性。增强现实系统致力于借助能够将虚拟环境与真实环境融合的显示设备，如可采用透视式头盔显示器（图5-8），将计算机产生的虚拟环境与真实环境融为一体，从而增强用户对真实环境的理解。用户在使用透视式头盔显示器的过程中，可以清楚地看到外部的真实环境。

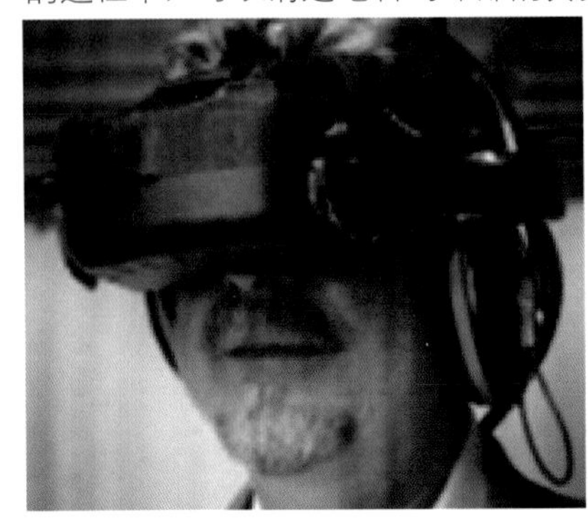

图5-7 浸没式头盔显示器

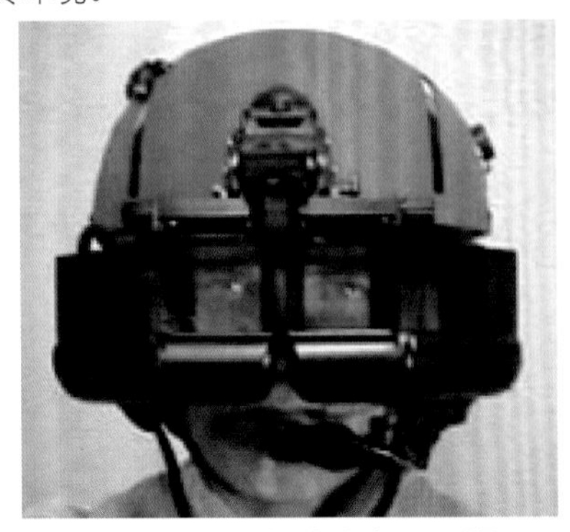

图5-8 透视式头盔显示器

（2）增强现实和虚拟现实关于“注册（Registration）”的含义和精度要求不同。在浸没式虚拟现实系统中，“注册”是指呈现给用户的虚拟环境与用户的各种感官匹配。例如，当用户用手推开一扇虚拟的门时，其所看到的场景就应该同步地更新为屋子里面的场景，一条虚拟小狗向用户跑过来，用户听到的狗吠声就应该有着由远及近的变化，这种注册误差是视觉系统与其他感官系统以及本体感觉之间的冲突。有心理学研究表明，往往是视觉占了其他感觉的上风。而在增强现实系统中，“注册”主要是指将计算机产生的虚拟物体与用户周围的真实环境全方位对准，而且要求用户在真实环境的运动过程中维持正确的对准关系。较大的注册误差不仅不能使用户从感官上相信虚拟物体在真实环境中的存在性及其一体性，甚至会改变用户对其周围环境的感觉，改变用户在真实环境中动作的协调性，严重的注册误差甚至会导致完全错误的行为。

（3）增强现实可以缓解虚拟现实建立逼真虚拟环境时对系统计算能力的苛刻要求。一般来说，即使要求虚拟现实系统精确再现我们周围的简单环境也需要付出巨大的代价，而其结果在当前技术条件下也未必理想，其逼真程度总是与人的感官能力不相匹配。而提高现实技术则是在充分利用周围业已存在的大量信息的基础上加以增强，这就大大降低了对计算机图形能力的要求。

（4）增强现实与虚拟现实应用领域的侧重不同。虚拟现实系统强调用户在虚拟环境中的视觉、听觉、触觉等感官的完全浸没。在虚拟现实系统中所构造出来的物体是不存在的，但对于人的感官来说，它是真实存在的。因此，利用这一技术能模仿许多高成本的、危险的真实环境。虚拟现实技术主要应用在虚拟教育、数据和模型的可视化、军事仿真训练、工程设计、城市规划、娱乐和艺术等方面。图5-9所示为虚拟现实应用领域之一的虚拟教育示意。学生可以通过虚拟的人体，形象化地理解生理学和解剖学的基本理论。

图5-9 虚拟人体内脏

而增强现实系统与虚拟现实系统不同，它并不是以虚拟世界代替真实世界，而是利用附加信息去增强使用者对真实世界的感官认识。因而，增强现实的应用侧重于辅助教学与培训、医疗研究与解剖训练、军事侦察及作战指挥、精密仪器制造和维修、远程机器人控制、娱乐等领域。例如，加州大学的H. Hoffman博士研制的系统可以带领学生进入虚拟人体的胃脏，检查胃溃疡并可以“抓取”它进行组织切片检查。图5-10所示为增强现实领域的辅助教学与培训。

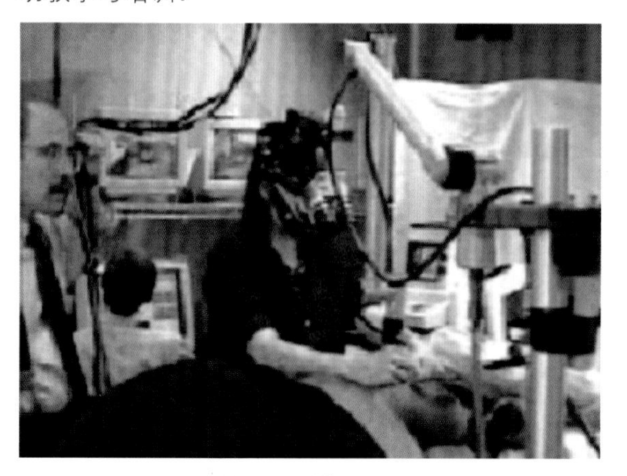

图5-10 增强现实辅助医疗手术过程

再如，医生利用增强现实系统，不仅能够手持手术探针实时地对病人进行胸部活组织切片检查，而且系统可根据此时获得的切片组织情况决定手术探针的位置，指导医生完成病人的手术。由图5-11的对比我们可以看到，增强现实系统中由于真实环境的存在，不仅能够使用户对融合环境的感知更具真实感，同时能够增强用户对虚拟环境的感知。

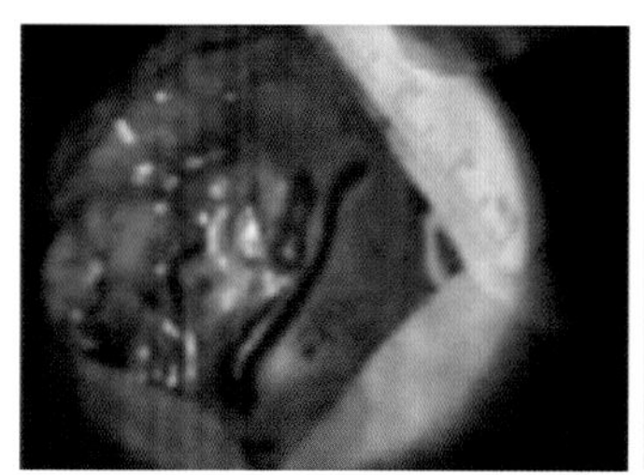

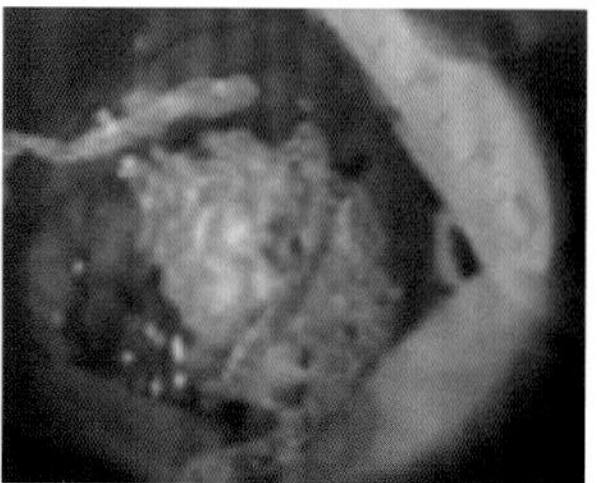

图5-11 原始图像与头盔显示器上显示的融合图像

※ 5.4 增强现实系统的关键技术

5.4.1 显示技术

增强现实系统中的显示器可以分为头盔显示器（HMD）和非头盔显示设备。目前，一般的增强现实系统主要使用透视式头盔显示器。透视式头盔显示器主要由三个基本环节构成，即虚拟信息显示通道、真实环境显示通道、图像融合及显示通道。其中，虚拟信息的显示原理与虚拟现实系统所用的浸没式头盔显示器基本相同；图像融合与显示通道是与用户交互的最终接口，根据其中真实环境的表现方式，可分为基于CCD摄像原理的视频透视式头盔显示器和基于光学原理的光学透视式头盔显示器两类。视频透视式头盔显示器首先由安装在头盔上的两个微型CCD摄像机摄取外部环境的图像，然后将计算机图形学生成的信息或图像叠加在摄像机视频上，通过视频信号融合器实现计算机生成的虚拟场景与真实场景融合，最后通过显示系统呈现给用户；光学透视式头盔显示器则通过一对安装在眼前的半透半反的光学合成器实现对真实环境与虚拟信息的融合：真实场景直接透过半反半透镜呈现给用户，经过光学系统放大的虚拟场景经半反半透镜反射而进入眼睛。视频透视式和光学透视式HMD在注册精度、系统延迟、真实场景的分辨率和失真、视场等方面都有不同表现。光学透视式头盔显示器对真实环境几乎无损显示，用户获得的信息比较可靠、全面，但真实环境与虚拟图像的融合困难；视频透视式头盔显示器对真实环境的复现受到很多因素的限制，但真实环境与虚拟图像的融合却容易了很多。

非头盔式的显示设备一般包括手持显示器（Hand-Held Displays）、CRT或平面LCD显示器、投影成像系统、自由立体显示器以及一些特殊场合专用的显示设备。其中较特别的有头戴式投影器、眼镜式显示器和视网膜投影显示等。

在实际应用中，显示设备的选用主要依据运用的环境和任务而定。一般来说，头盔式显示设备受环境约束较小，室内、户外均可以使用，设备价格适中，沉浸感较好；非头盔式的显示设备一般成本较高（除一般的CRT或LCD显示器外），可多人共享，使用性能稳定，寿命较长，而且免除了使用者由于戴头盔显示设备而造成的不适与疲劳感。

5.4.2 跟踪注册技术

增强现实系统的跟踪注册包含使用者头部（摄像机）的空间定位跟踪和虚拟物体在真实空间中的定位两个方面的内容，关系到虚拟和真实对象的配准、排列。对用户头部相对位置和视线方向的获取一般可分为两种：一种是采用跟踪传感器进行注册，简称跟踪器法；另一种是采用计算机视觉系统结合特定算法来实时得到，简称视觉法。在实际应用中，由于这两种方法各有其优缺点，为了得到更广泛的适应性和更好的性能，许多系统采用将两者相结合的复合方法。另外，还有基于认知（Knowledge Based）的方法，该法通过在用户头部和相关对象关键部位安装三维跟踪器来实现。

1. 基于跟踪器的注册

基于跟踪器的注册方法普遍采用惯性、超声波、电磁、光学、无线电波或机械装置等进行跟踪。其中，惯性导航装置通过惯性原理来测定使用者的运动加速度，通常所指的惯性装置包括陀螺仪和加速度计；超声波系统利用测量接收装置与3个已知超声波源的距离来判断使用者位置；电磁装置通过感应线圈的电流强弱来判断用户与人造磁场中心的距离，或利用地球磁场判断目标的运动方向；光学系统使用CCD传感器，通过测量各种目标对象和基准上安装的LED发出的光线来测量目标与基准之间的角度，并通过该角度计算移动目标的运动方向和距离；机械装置则是利用其各节点间的长度和节点连线间的角度定位各个节点。这些跟踪技术共同的问题就是自身应用领域的局限性。例如，电磁跟踪器只能在事先预备的磁场或磁性引导环境下工作；GPS和电磁跟踪都不够精确，机械跟踪系统笨重不堪；适用于室内的跟踪系统不一定能在户外正常发挥作用等。总之，没有完美的选择。因而，对增强现实系统来说并没有单一完美的跟踪解决方案，跟踪系统可以结合其中的两三种跟踪传感器以相互补偿大延时、低刷新率甚至暂时的失效。然而，对于一个实际的增强现实系统，仅仅根据头部跟踪系统提供的信息，系统没有反馈难以取得最佳匹配；而且跟踪器法的精度和使用范围都不能满足增强现实的需要，又容易受到外界干扰，因而几乎不可能单独使用，通常与视觉注册方法结合起来实现稳定的跟踪。

2. 视觉跟踪注册

目前，视觉跟踪注册主要有基准点法、模版匹配法、仿射变换法和基于运动图像序列的方法等。其中，基准点方法需事先对相机进行定标（获取4个内部参数），并设置相应的标记或基准点，然后对获取的图像进行分析，以计算相机的位置和姿态（获取6个外部参数）。其原理是先从图像中提取一些已知的对象特征点，找到真实环境和图像中对应点的相关性，然后由相关性计算出对象姿态，这个过程也就是对从世界坐标转换到摄像机坐标的模型视图矩阵的求解过程。通常，特征点可以由孔洞、拐点或人为设置的标记来提供。其中，对于人为标记的特征点，若按照颜色划分则有黑白与彩色两种情况，而按照形状划分则有圆形、同心圆环、多边形（包括三角形、方形、五边形等）和条形码等。黑白标志可在图像二值化后用相应算法提取，相对来说，彩色标志通过色彩分量提取更容易，但同时也易受到光照条件、相机本身质量和观察角度方向等的影响；圆形和同心圆环基于本身几何特性对观察方向的改变很稳定，但是用于作为特征点的中心位置就较难以精确确定；多边形标记采用拐角作为特征点，位置信息更为精确，但往往需要额外途径或信息以使各拐角特征点相互区别，而且多边形方法在标记部分受到遮挡时就可能会由于特征点数量的缺失而失效。

根据所使用摄像机的数量不同，基准点方法又可分为基于一个摄像机的单摄像机法和双摄像机的立体视觉法。对单摄像机法来说，至少需要4个特征点，因而常采用方形标记。立体视觉法则需要3个特征点就可确定，因此原理上采用三角形即可，但出于对遮挡鲁棒性的考虑有时也会采用方形标记。立体视觉在对特征点数量的要求上更具优势，并且可以同时从图像视差中获取场景深度信息，但该法分辨率不高、 定位精度不够、相机之间基线短且注册深度有限，因此，单相机方法虽然需要至少 4 个特征点，却以性能表现成了注册方法的首选。立体视觉法则可作为对单相机方法提高稳定性的额外补充发挥着重要作用。

模版匹配法同样需要事先对相机标定内部参数，再通过图像分析处理提取环境中平面上的特定图形图案，并与已有模式进行匹配，匹配成功即可确定该图案板的位置和姿态，因而，确定要叠加在图案板上虚拟对象的位置和姿态。模版匹配法的典型代表是AR Tool。目前，采用AR ToolKit开发的系统有很多，如Magic Book等。模版匹配法的优点是方便快速，使用普通PC机和摄像机即可实现很高的帧频，对快速的运动也适用；缺点是鲁棒性不够，只要对图案稍有遮挡就难以有效运作，因此，无法近距离观察与图案板相连的虚拟物体或者用实际物体与之进行移动交互。

针对复杂的相机标定，有研究致力于简化甚至免除该过程，出现了半自动和自动标定及无须标定的方法，半自动和自动标定一般利用冗余的传感器信息自动测量和补偿标定参数的变化；而无须标定的方法则以仿射变换和运动图像序列法为代表。

仿射变换法不需要摄像机位置、相机内部参数和场景中基准标志点位置等相关先验信息。仿射法通过将物体坐标系、相机坐标系和场景坐标系合并，建立一个全局仿射坐标系（非欧几里得坐标系），来将真实场景、 相机和虚拟物体定义在同一坐标系下，以绕开不同坐标系之间转换关系的求解问题，从而不再依赖于相机定标。这种方法的缺点是不易获得准确的深度信息和实时跟踪作为仿射坐标系基准的图像特征点。

基于图像序列的方法是利用投影几何方法从图像序列中重构三维对象，目前已可以较好地重构一些简单的表面实体。存在的问题是，现有基于图像序列重构三维对象的技术中，特征点的提取完全基于图像特征进行，少量高可靠性的特征点必须由大量特征点通过复杂的匹配和迭代计算得到，因此，难以保证观察视点位置获取的实时性。

就目前而言，基于视觉的增强现实系统可使测量误差局限在以像素为单位的图像空间范围内，因而是解决增强现实中三维注册问题最有前途的方法。但同时研究表明，准确快速的跟踪注册在环境中有精确外部参考点的情况下，比在复杂的户外真实世界中容易实现得多；在户外情况下，需要使用结合了基于跟踪器方法的复合注册法。

3. 复合注册法

一般的视觉跟踪注册法虽然精确性高，但为了缩短图像分析处理的时间，常依赖于帧间连续性，当相机与对象之间相对运动速度较大时就会找不到特征点；另外，视觉跟踪注册法在环境不符合要求（如标记被遮挡或光照不足）时会失效，稳定性不够好。而跟踪传感器如电磁跟踪等虽然精确性不高，又有一定延迟，但鲁棒性和稳定性不错，而且对用户运动的限制也较小。因此，结合视觉法和基于跟踪器的方法可以取长补短：通常是先由跟踪传感器大概估计位置姿态，再通过视觉法进一步精确调整定位。一般采用的复合法有视觉与电磁跟踪结合、视觉与惯导跟踪结合、视觉与GPS跟踪结合等。电磁跟踪法便携性好，但易受到环境中金属物体的影响，精度不够高；与视觉法结合可以起到加速图像分析过程、从多选中确定正解、作为后备稳定跟踪和为视觉法提供对比参照结果等作用。惯性跟踪的优点是延迟小、速度快，缺点是误差累积效应并会影响注册稳定性；与视觉法结合后可以预测平面标记的大概运动范围并增加系统鲁棒性和性能表现，视觉法则负责局部图像分析，以精确定位并消除传感器的累积漂移量。

※ 5.5 增强现实技术的应用领域

5.5.1 数字营销

增强现实给了消费者以全新的视角去发现、了解、体验各种产品的机会。它通过自身的核心技术为数字营销开拓了全新的模式。例如，基于人体识别及动作捕捉技术的产品体验类增强现实的应用，给了消费者一个利用网站上基于自己的身体影像实时体验虚拟服装、眼镜、首饰等产品试穿、试戴效果的机会，帮助消费者快速定位适合自己的款式；消费者要想对产品的细节实现准确而全方位的了解，在产品展厅、展会或产品推广网站上，要全方位进行了解；商家要想实现相关商品的销售以及促销活动的精确“窄告”推送，其可以在移动设备上通过手机屏幕将各种数字虚拟准确叠加在周边实景物体上，如图5-12所示。

图5-12 增强现实技术在服装试穿中的应用

此领域开发应解决的关键核心技术包括：核心图像识别追踪算法的Web与移动平台的算法移植。它适用于全平台数字营销方案；基于人脸或人体轮廓与动作的实时识别追踪。它用于解决结合特殊身体部位的三维空间注册问题，以实现用于虚拟3D服装、眼镜、发型的增强现实试戴应用；减少现实技术。它用于实现将识别追踪的各种识别标识从画面中去除并替换为周围材质效果的功能，提升虚拟产品叠加的融合效果。

5.5.2 数字出版

传统平面印刷品与增强现实技术相结合，可以实现将3D模型、动画或者视频与印刷品相叠加，这将使得读物内容跃然纸上，给予阅读者一种全新的阅读体验，如图5-13所示。另外，快速发展的数字出版平台也可以与增强现实技术结合起来。它利用后置摄像头的手持阅读设备，实现了将3D模型或者动画叠加到读者身边的现实环境中。在这个过程中，通过第一视角观看互动，把电子读物的多媒体体验上升到了一个全新的层次。

此领域开发应解决的关键核心技术包括：增强现实出版内容制作工具，以方便内容制作商独自开发与读物结合的增强现实多媒体内容；与主流数字出版软件平台的集成，以实现让读者在阅读与增强现实体验之间快速自由的切换；三维空间注册算法的手持设备移植。

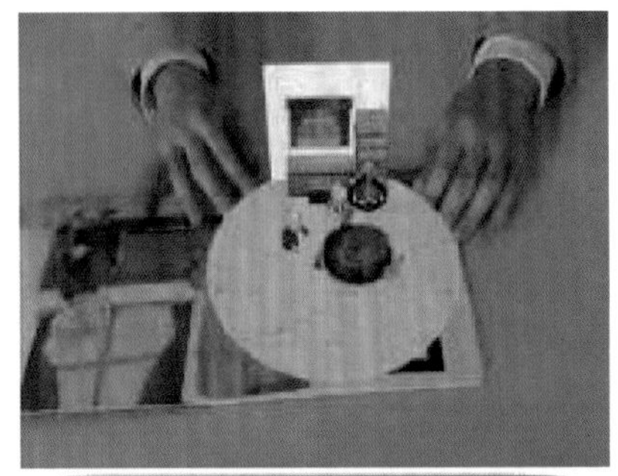

图5-13 增强现实技术在图书出版中的应用

5.5.3 科教

科技展馆利用增强现实技术可以构建一个虚实结合的场景，给游客带来安全、逼真的交互体验，达到寓教于乐效果的同时，提升展项的真实感、娱乐性与互动体验。增强现实技术适用于结合识别标识卡片的物体认知与游戏问答、结合人体动作捕捉的科学模拟实验、结合增强现实观景机的历史场景复原及课件制作或辅助教材试验的全新手段，如图5-14所示。其中，用于实现虚实融合大场景展示的增强现实观景机开发应解决的关键核心技术包括：产品在外观与结构上的一体设计，以适应室内或室外条件长时间使用的可靠性需求；现实大场景地形、地貌的虚拟重建，用于正确表现虚拟物体在地面上的正确姿态以及与实景物体的遮挡关系；双摄像机结合双目显示的立体增强现实展示技术；摄像机变焦控制及其光学镜头内外校准参数的应用自动调整；使用高精度3DOF传感器的摄像机运动捕捉，以实现观景机可转动观景视角内的实时三维空间注册。

图5-14 增强现实观景机在科技展项中的应用

5.5.4 移动导缆

Perey Research & Consulting预测，至2012年全球使用基于增强现实技术的移动应用，用户将会由2010年的60万人猛增至1.5亿～2亿人。而Juniper Research预测仅基于移动应用相关的增强现实技术2014年就将创造7.3亿美元价值的市场。 新一代移动智能手机利用增强现实系统，通过文字、语音、视频介绍、历史图片、遗迹原动画等多种媒体信息，以虚实结合的能力为游客提供认知周围景观的全新视角，为游客带来传统数字地图导航软件不能提供的互动应用体验，如图5-15所示。

图5-15 增强现实移动导缆应用

此领域开发应解决的关键核心技术包括：图像识别追踪三维空间注册算法的手持设备移植与优化；基于移动平台内置GPS及传感器的6DOF运动追踪的三维空间注册算法；固定位置识别标识追踪或无线WiFi信号辅助的室内定位技术，用于解决室内缺少GPS信号情况下移动平台的定位问题；结合云计算的服务器端的现实场景图像实时识别追踪技术；触控小尺寸屏幕上的增强现实人机交互界面设计。

5.5.5 设计与仿真

传统的基于虚拟现实技术辅助的设计与仿真应用，受限于虚拟现实的展现和交互方式，不能良好地表现出与真实场景融合的效果，不能逼真地表现设计作品或仿真设备在现实环境的真实比例大小，还缺乏人与虚拟模型自然互动的能力。目前，在增强现实技术的帮助下，再结合可穿戴硬件平台，不仅可以实现以第一视角在实景中展示设计作品或仿真设备的外观，还可以通过自然方式与虚拟模型进行人机互动，能有效地解决虚拟现实技术在辅助仿真设计中受限的问题。因此，增强现实在辅助工业设计、服装设计、装潢设计、建筑设计及设备仿真上有着光明的前景。

此领域开发应解决的关键核心技术包括：结合摄像机的双目头戴显示设备的集成，以实现see-through的增强现实观看效果；基于动作捕捉硬件的人头及人体动作的实时追踪，用于支持第一视角的三维空间注册以及与实景中虚拟物体的精确交互；人机交互界面以及交互方式的研发，以适用于结合可穿戴硬件平台的增强现实应用；与虚拟物体交互的触感、力感的模拟。

5.5.6 物联网

物联网技术将附加数字属性的物体，连接到互联网上，而增强现实技术提供将附加在物体上的数字属性可视化，并提供与人自然交互的能力。因此，当物联网与增强现实技术结合时，可以实现将可定位的电子标签（RFID）以增强现实方式，通过移动终端或者监控系统进行数字信息可视化管理，实现了人与数字化物联网之间全新的无缝交互模式，如图5-16所示。

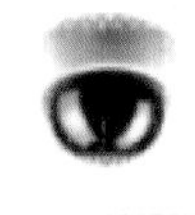

图5-16　增强现实电子标签信息可视化管理应用

此领域开发应解决的关键核心技术包括：基于RFID定位的三维空间注册技术；物联网信息的三维空间搜索、显示与交互技术。

思考题：

1. 什么是增强现实？其研究现状如何？
2. 增强现实和虚拟现实之间有什么区别和联系？
3. 增强现实有哪些关键技术？
4. 增强现实目前在哪些领域得到了应用？
5. 除本章中所提及的增强现实的行业应用外，请你找找增强现实还在哪些行业得到了应用。

第 6 章
混合现实

2016年，在邓丽君纪念演唱会上，“复活”的邓丽君全息影像让人惊艳，如图6-1所示。

图6-1　邓丽君全息影像

如今，这种技术更进一步，在电影娱乐、医学领域发挥奇效，来看下面两个例子。

2017年3月10日，《最强大脑》“仓颉造字”播出。“迷宫行者”鲍橒戴上MR眼镜，以13分59秒52的用时将被拆分得“面目全非”的“锦”字拼凑出来，战胜“迷宫独行者”于湛，成功晋级。“仓颉造字”环节由福建网龙网络公司开发设计，这是中国电视史上首次MR深度植入，也是全球首次在大舞台上实现“实拍MR同步播出”，如图6-2所示。

图6-2　“仓颉造字”项目现场

网龙VR/AR技术负责人李学科认为，这是《最强大脑》最酷炫的一期。《最强大脑》以往的挑战项目都是使用实体道具，本次让选手通过MR眼镜在舞台上空看到漂浮的文字碎片并根据需要进行操作，是实体道具无法实现的。

另外，网龙此次还解决了一个行业内的难题，即如何让MR在大舞台上进行展示。因为大舞台上的强烈的灯光、复杂的舞台地貌、纷杂的电子信号等因素都会对MR的实现造成干扰。此前MR都是在一些面积小、环境相对单纯的环境里实施。为了将MR成功运用到大舞台上，网龙项目组尝试了许多方法，最终使用5台摄像机拍摄实景画面，再利用独有的技术“拍摄”虚拟物体，最后将二者结合起来，才有了观众能看见的画面。此前MR技术都是以单一机位近距离拍摄的形式在屏幕上呈现，目前全球只有网龙使用了多机位、多设备同步，在大舞台上实现“实拍MR同步播出”。这是中国电视史上第一次MR深度植入，也意味着MR将被越来越频繁地运用于影视领域，如图6-3所示。

图6-3　市民体验网龙MR技术犹如“隔空取物”

2017年7月10日，在福建协和医院，胸外二科主任康明强带领戴着特制的头盔做手术，这是福建首次运用混合现实技术（MR）进行手术。运用混合现实技术（MR）进行手术，医生仿佛有了“透视眼”，可以精确定位，看到哪怕很小的结节。医生将患者的影像资料输入系统，制成3D模型，再戴上头盔，就可将3D模型从电脑屏中“拖拽”出来，融合到患者的身上，这使得任何细节都很清晰。对于该切到哪、切多少，医生都心中有数。手术时间缩短1/3，手术过程几乎没出血，既精准、彻底地切除了病灶，又最大限度地保留了病人肺功能。

此次，医生手术用的是世界首套MR医学全息三维系统，是纯国产，由国内一家公司历时12年研发，价值200多万元。

目前，MR已在广州、上海、重庆等大型医院的骨科、甲乳、神经、泌尿外科等领域应用。全球顶级医学院校也计划引进。

那么，什么是MR？MR与VR之间有什么样的关系？MR的交互技术有哪些？在本章中，我们将为这些问题找到答案。

※ 6.1 混合现实的概念

混合现实是一种使真实世界和虚拟物体在同一视觉空间中显示和交互的计算机虚拟现实技术。加拿大多伦多大学工业工程系的Paul Milgram对混合现实（Mixed Reality，MR）的定义是：真实世界和虚拟世界在一个显示设备中同时呈现。也有学者认为："现代意义上的'混合现实'是不同类型的现实（主要是指真实现实与虚拟现实）的彼此混合。将计算机所生成的虚拟对象融合到真实的环境当中，从而建立出一个新的环境及符合一般视觉上所认知的虚拟影像，在这之中，现实世界中的物件能够与虚拟世界中的物件共同存在并且即时地产生互动。"

从一定意义来看，混合现实也是增强现实与交互媒体的进一步发展。有很多人会将混合现实与增强现实混为一谈，但其实增强现实更强调让虚拟技术服务于真实现实。相比较而言，混合现实对真实世界和虚拟世界一视同仁，无论是将虚拟物体融入真实环境，或者是将真实物体融入虚拟环境，都是允许的。同时，混合现实要求系统能正确处理虚拟物体与真实物体之间的遮挡关系。

在虚拟现实的系统中，人的听觉、视觉、味觉、嗅觉、触觉等感观系统有部分或全部都处于计算机系统的控制之中，也就是说，人在这个系统中将失去与真实现实的一切联系。而混合现实是由真实现实与虚拟现实共同组成的。例如，真实的环境加上虚拟的物体共同组成一幅（组）画面，在这组画面中，根本无法区别哪些是真实的，哪些是虚拟的。相对于虚拟现实的这种"沉浸感"而言，混合现实在此基础上，将真实现实中的感知、体验与互动和虚拟现实进行结合，不仅增强了用户体验的互动性，同时，又使用户得到更趋向真实化的感受。

※ 6.2 混合现实（MR）与虚拟现实（VR）的关系

现实与虚拟两部分构成了混合现实，其中用户与虚拟世界的联结是虚拟部分关心的内容。因此，涉及两个方面的内部，即虚拟世界的构建与呈现、人与虚拟世界的交互。所看到的虚拟世界是与人类感官直接联结的，因此，要构造完美的虚拟世界必须通过建立与人类感官匹配的自然通道。虚拟世界的呈现，音响效果的营造，触觉、力觉等各种知觉感知和反馈要通过真实感渲染得到。因此，用户与虚拟世界的交互必须建立相同的知觉通道，通过分析用户的自然行为，在感知、理解、响应和呈现上形成环路，这是虚拟现实技术的核心内容。

由于对现实世界的模拟本身非常困难，因此混合现实没有对复杂多变的现实世界进行实时模拟，其建立的是虚拟世界与现实世界的联结，并模拟二者的相互影响。而要使虚拟世界与现实世界融为一体，技术上的诸多挑战不仅要感知用户的主体行为，还要感知一切现实世界中有关联的人、环境甚至事件语义，提供恰当的交互和反馈。因此，混合现实涉及了从计算机视觉、计算机图形学、模式识别到光学、电子、材料等多个学科领域。正是由于混合现实与现实世界的紧密联系，才使其具备强大且广泛的实用价值。

混合现实技术是虚拟世界与现实世界无缝融合的技术。虚拟现实代表的是计算机营造的世界，使人类的知觉感知延展到计算机中；而混合现实技术在保持对现实世界正常感知的基础上，通过建立虚拟世界与现实世界之间的联系，再将人类感官延伸到虚拟世界。混合现实技术中所关注的虚拟世界可以有丰富的内容。从早期的虚拟现实世界的局部场景，与现实世界无缝融合，使得我们可以看到匪夷所思的场景，典型的是电影《阿凡达》呈现的世界。然而，计算机的强大能力不仅在于对场景的营造能力，还在于对信息搜集、数据整理和分析呈现的能力。在信息爆炸的时代，信息容量和复杂度远远超过人类所能够的范围，在宏观上把握信息的内涵，提供对数据蕴涵的语义分析，才有可能使人类理解数据。混合现实技术可以在数据分析的基础上建立用户与数据的联结，从而使得用户可以直接感知数据分析的结果，将人类感知延展到数据语义层面。

混合现实技术包含虚拟世界和现实世界。在需要虚拟现实技术支持的同时，也需要增强现实技术的支持。虚拟现实技术的第一个核心问题是对虚拟世界的建模，包括模拟现实世界的模型或人工设计的模型；对现实世界模型的模拟，即场景重建技术。虚拟现实的第二个问题是将观察者知觉与虚拟世界的空间注册，满足视觉沉浸感的呈现技术；第三个问题是提供与人类感知通道一致的交互技术，即感知和反馈技术。增强现实技术在虚拟现实技术的基础上，还需要将现实世界与虚拟世界进行注册，并且感知真实世界发生的状况、动态，搜集真实世界的数据，进行数据分析和语义分析，并对其进行响应。因此，混合现实的虚实融合分析三个层面，即虚实世界产生智能上的交互融合；虚实世界产生社会学意义上的交互融合，如行人互相避让的行为；虚实空间产生视觉上的交互影响。

※ 6.3 混合现实的交互技术

混合现实经过了20多年的发展，相关技术取得了显著的进步，展示出强劲的发展前景。人机交互是混合现实的重要支撑技术，是近年来国内外研究的热点。本节主要就混合现实的交互技术进行介绍。

6.3.1 用户界面形态

新型交互技术和设备的出现，使人机界面不断向着更高效、更自然的方向发展。在混合现实中使用较多的用户界面形态包括TUI、触控用户界面、3DUI、多通道用户界面和混合用户界面。

（1）TUI是目前在混合现实领域应用最多的交互方式。它支持用户直接使用现实世界中的物体与计算机进行交互。无论是在虚拟环境中使用现实物体辅助交互（AV），还是在虚拟环境中加入辅助的虚拟信息（AR），在这种交互方式下都显得非常自然并对用户具有吸引力。

（2）触控用户界面是在GUI的基础上，以触觉感知为主要指点技术的交互技术。在混合现实中，一种比较自然的方式是直接用手通过屏幕与虚实物体交互。手机、平板电脑等移动设备及透明触屏都提供了这种支持，这使得直接触控成为混合现实中主要的交互方式之一。

（3）在3DUI中，用户与计算机进行交互是在一个虚拟或现实的3D空间中进行的。3DUI是从虚拟现实技术中衍生而来的交互技术，它可以支持在纯虚拟环境中进行物体获取、观察世界、地形漫游、搜索与导航。在混合现实环境中，这种交互需求是大量存在的，因此，3DUI是混合现实中重要的交互手段之一。

（4）在混合现实中的许多应用都利用了多通道交互技术。多通道用户界面支持用户通过多种通道与计算机进行交互。这些通道包括不同的输入工具（如文字、语音、手势等）和不同的人类感知通道（听觉、视觉、嗅觉等）。在这种交互方式中通常需要维持不同通道间的一致性。

（5）混合用户界面为用户提供更为灵活的交互平台，它将不同但相互补足的用户界面进行组合，用户通过多种不同的交互设备进行交互，以满足多样化的日常交互行为。

6.3.2 交互对象的虚实融合

1. 注册跟踪技术

在增强现实中，如果用户改变自身位置和观察角度，被观察的虚拟物体就能实时融洽地与现实场景保持一致。要达到此种效果，在增强现实中必须明确观察者和虚拟物体在现实环境中的准确位置和姿态。设计者一般会事先决定虚拟物体在现实环境中的位置，因此，只要注意观察者的位置和姿态，就可以根据观察者的实时视角重建坐标系，计算出虚拟物体的显示姿态，实现交互对象的虚实融合。这个过程是三维注册过程，其实现方法一般分为基于传感器的注册技术、基于视觉的注册技术和混合注册技术三种。

2. 显示设备

显示设备要解决的问题是让用户简

单、便捷地观察到虚实融合的场景。在AV中，由于场景的主体是虚拟的，其方位可以由系统唯一确定，因此，可以直接使用传统显示设备来呈现虚实融合场景。而在AR中，场景是用户直接观察到的现实世界，技术上一般采用头戴式显示设备（HMD）、手持式显示设备和投影式显示设备来实现。其中，HMD包括光学透视型和视频透视型两种。光学透视型显示设备是通过透明屏幕直接观察现实世界，视频透视型显示设备是用头戴式摄像机采集现实世界视频作为背景投影到显示器上。手持式显示设备（如手机、平板电脑）一般采用视频透视技术，利用设备上的摄像头采集现实世界的图像。投影式显示设备利用各种投影仪将图像直接投影到墙壁、桌面、物理实体等现实世界的物体中，从而在这些物体上叠加虚拟信息。

6.3.3 手势识别技术

混合现实中的人机交互解决的主要问题是使用户能够尽可能地自然高效地与虚实混合的内容进行交互。手势识别技术能够使用户直接用手操作混合现实环境中的物体。

混合现实中使用的手势识别技术可以按照输入设备分为基于传感器和基于计算机视觉两种。基于传感器的手势识别技术利用不同的硬件设备（如数据手套、运动传感器），跟踪返回人手以及手部各骨骼所在的三维坐标，从而测量手势在三维空间中的位置信息和手指等关节的运动信息。这种系统可以直接获得人手在三维空间中的坐标和手指运动的参数，数据的精确度高，可识别的手势多且辨识率高，但需要佩戴额外的设备。基于计算机视觉的手势识别技术利用单个或多个摄像头来采集手势信息，经计算机系统分析获取图像来识别手势。该技术使学习和使用简单灵活，更自然、直接地进行人机交互，但计算过程较复杂，识别率和实时性较差。

混合现实中使用的手势可分为静态手势和动态手势两类。静态手势是指某一时刻表态的手臂、手掌或手指的形状、姿态，手势数据中不包含连续时间序列信息，这类手势给用户提供了利用手掌就能完成的交互行为，一般用基于图像特征聚类的方法进行识别；动态手势是指在一段连续的时间内手臂、手掌或手指的姿态变化或移动路径，手势数据中需要包括随时间变化的空间特征，这类手势能够很好地表示空间路径手势，且需要使用基于隐马尔可夫模型（HMM）、基于动态时间规整和基于压缩时间轴的方法进行识别。

6.3.4 3D交互技术

在3D交互技术的支持下，3DUI能够很自然地应用于混合现实场景。3D交互技术支持用户使用3D的输入手段操作3D的对象及内容，并得到3D的视觉、听觉等多通道反馈。面向通用任务的3D交互技术分为导航、选择/操作和系统控制三个方面。其实现结构可以划分为3个具有显著特点的层次——几何模型、直接操纵隐喻、高层语义交互。其中，几何模型层提供3D可视反馈，直接操纵隐喻定义包括选取、点击、拖动、旋转在内的直接操纵功能，而面向高层语义的交互隐喻层允许用户实现更为复杂的交互任务，如指定路径进行漫游，这些任务需要由多个直接操纵层的动作序列组合完成。混合现实应用中的自然交互和直观反馈将主要在这一层得到实现。

6.3.5 语音和声音交互技术

在混合现实中，语音交互是一个重要的交互手段。语音输入已经逐渐成为一种主要的控制应用和用户界面。从声音的类型上，可以将这种技术分为非语音（声音）交互技术和语音交互技术。非语音交互技术主要使用声音给用户提供听觉线索，使用户能够有效地掌握和理解交互内容；语音交换技术包括语音输入、语音识别和处理及语音输出在内的一整套交互技术。

一个完整的语音交互系统由语音输入和语音输出系统两部分组成。语音输入系统包括语音识别和语义理解两个子系统。语音识别系统负责将语音转化为音素，其识别方法是利用相应的语音特征，如梅尔倒谱和语音模型、HMM和高斯混合模型进行切分和识别。语义理解系统通过语言模型将语音识别系统的结果进行修正并组合成符合语法结构和语言习惯的词、短语和句子。多元语言模型得到最广泛的应用。语音输出系统分为有限词汇和无限词汇两种。有限词汇一般用于对有限的消息提示、控制指令、标准问题进行语音反馈；对于无限词汇，如盲人使用的读书软件或复杂的导航系统，无法将所有句子进行预先录制，只能通过语音合成的方法形成输出语音。

6.3.6 其他交互技术

1. 触觉反馈技术

触觉反馈技术在产生力学信号的过程中能够通过人类的动觉和触觉给用户反馈信息。从字面上看，这项技术提供给用户的是通过触摸的方式感知实际或虚拟的力学信号。但实际上，触觉反馈技术还包括提供体位、运动、重量等动觉通道的力学信号。这一特点对拓宽混合现实的交互带宽，增加混合现实应用的真实感和沉浸感有很大的帮助。触觉反馈技术就曾用于乳腺癌触诊训练中。被训人员通过仿真运动模型，亲身体验到虚拟肿瘤上的触觉刺激。

2. 眼动跟踪技术

用户感兴趣的区域及用户的心理和生理状态是能够通过眼睛注视的方向体现出来的。因此，通过眼睛注视进行的交互技术是最快速的人机交互方式之一。眼动跟踪技术可分为基于视频和非基于视频两种。基于视频的方法使用非接触式摄像机获取用户头部或眼睛的视频图像，再用图像处理的方法获得头部和眼睛的方向，最终组合计算出眼睛注视方向；非基于视频的方法使用接触式设备依附于用户的皮肤或眼球，从而获取眼睛注视方向。

3. 笔式交互技术

笔式交互能够模拟人们日常的纸笔工作环境。由于笔式交互设备具有便携、可移动的特点，方便了人们在不同的时间和地点灵活地进行交流。目前，笔式交互技术常见的有笔式界面范式、笔迹识别与理解、基于笔的交互通道拓展。曾经有人将笔和交互平板作为主要交互工具，实现了一个混合现实协同工作环境。

4. 生理计算技术

生理计算是建立人类生理信息和计算机系统之间的接口的技术。它包括脑机接口（BCI）、肌机接口（MUCI）等。近几年，人机交互学术界高度关注的对象集中于通过采集的人体脑电、心电、肌肉电、血氧饱和度、皮肤阻抗、呼吸率等生理信息进行分析处理。肌肉电曾被应用到基于混合现实的游戏、生活应用、驾驶、手术中，在很大程度上提高了游戏的参与度、生活应用的便捷度、驾驶的安全性和手术操作的卫生程度。也有人员将脑电设备与混合现实图书相结合，通过分析少年儿童阅读时候的脑电情况对阅读材料进行一定的调整，提高儿童的阅读专注度。

思考题：

1. 什么是混合现实？
2. 混合现实与虚拟现实的关系是什么？
3. 混合现实运用了哪些交互技术？

Reference

虚拟现实概论

参考文献

[1] 刘丹．VR简史［M］．北京：人民邮电出版社，2016.

[2] 党保生．虚拟现实及其发展趋势［J］．中国现代教育装备，2007（4）：94-96.

[3] 张占龙，罗辞勇，何为．虚拟现实技术概述［J］．计算机仿真，2005（3）：1-7.

[4] 喻晓和．虚拟现实技术基础教程［M］．北京：清华大学出版社，2015.

[5] 娄岩．虚拟现实与增强现实技术概论［M］．北京：清华大学出版社，2016.

[6] 邹湘军，孙健，何汉武，郑德涛，陈新．虚拟现实技术的演变发展与展望［J］．系统仿真学报，2004（9）：1905-1909.

[7] 胡小强．虚拟现实技术基础与应用［J］．北京邮电大学出版社，2009.

[8] 王斌，颜兵，曹三省，吴庆．VR+融合与创新［M］．北京：机械工业出版社，2016.

[9] 陈浩磊，邹湘军，陈燕，等．虚拟现实技术的最新发展与展望［J］．中国科技论文在线，2011（1）：1-14.

[10] 王健美，张旭，王勇，赵蕴华．美国虚拟现实技术发展现状、政策及对我国的启示［J］．科技管理研究，2010（14）：37-40.

[11] 李志文，韩晓玲．虚拟现实技术研究现状及未来发展［J］．信息技术与信息化，2005（3）：94-96.

[12] 许微．虚拟现实技术的国内外研究现状与发展［J］．现代商贸工业，2009（2）：279-280.

[13] 卢博．VR虚拟现实［M］．北京：人民邮电出版社，2016.

[14] 佚名．虚拟现实技术除了游戏以外的十个应用领域［EB/OL］．（2016-01-21）［2017-07-25］．http：//www.sohu.com/a/55773632_361277.

[15] 孙秀伟，阎丽，李彦锋．虚拟现实技术（VR）在医疗中的应用展望［J］．2007（5）：17-20.

[16] 齐晓霞．数字艺术与虚拟现实在医学教育中的应用［D］．中国艺术研究院，2011.

[17] 刘文霞，王树杰，张继伟．虚拟现实技术在医学上的应用［J］．生物医学工程学杂志，2007（4）：946-949.

[18] 王雪．虚拟旅游景区发展研究［J］．软件，2013（1）：85-86.

[19] 郭立萍，李光霞，董硕．虚拟现实技术在构建虚拟旅游环境中的应用［J］．安徽农业科学，2010（18）：9811-9813.

[20] 徐兴敏．虚拟现实技术在虚拟旅游中的应用［J］．潍坊学院学报，2014（4）：56-57.

[21] 任欣颖，黄继华．VR技术在旅游业中的展望［J］．办公自动化杂志，2016（21）：34-36.

[22] 郑敏．我国虚拟旅游市场前景与开发对策探析［J］．现代商业，2015（4）：87-88.

[23] 刘蜜，孟东秋．浅析虚拟现实技术及其在房地产开发中的应用［J］．建筑，2009（7）：48-50.

[24] 罗雅敏，张勇一，杜异卉，幸义. 房地产领域中的三维虚拟现实开发应用［J］. 第二届工程建设计算机应用创新论坛，2009.9：159-161.

[25] 郭海新，刘庆. 虚拟现实技术在室内设计中的运用［A］. 大众商务，2010.（02）：190-191.

[26] 蒋小汀，吴美玲. 探究虚拟现实技术及其在室内设计中的运用［J］. 设计，2016（13）：56-57.

[27] 张帆. 虚拟现实技术在商业楼盘领域中的应用［J］. 企业导报，2010（12）：298.

[28] 梁羡荣. 谈虚拟现实在数字娱乐游戏中的应用［J］. 电子商务，2014（8）：38-39.

[29] 王鲲. VR能巅覆传统音乐产业［N］. 通信信息报，2016（4）.

[30] 郭天太. 虚拟现实技术在高等教育中的应用及其意义［J］. 宁波大学学报（教育科学版），2006（2）：103-106.

[31] 尹轶华. 虚拟现实技术和GIS技术在虚拟校园中的应用［D］. 重庆：重庆师范大学，2005.

[32] 瞿炜娜. 基于虚拟现实技术的虚拟实验室的研究与实现［D］. 黑龙江：大庆石油学院，2003.

[33] 少年. 探秘网龙VR产业基地，见证VR发展的里程碑［EB/OL］.（2016-9-9）［2017-07-25］. http：//www.vrlequ.com/news/201609/19955.html.

[34] 尹卓良. 虚拟现实技术在多媒体课件中的应用研究［D］. 北京：北京印刷学院，2010.

[35] 李文君，马彦婷. 虚拟现实技术在汽车工业中的应用［J］. 机械制造，2004（11）：13-14.

[36] 余建星，张长林，张裕芳，张群霄. 虚拟现实技术及其对船舶制造业的影响［J］. 船舶工程，2003（3）：2-3.

[37] 姚雄华，李磊，张杰. 虚拟现实技术在飞机设计中的应用［J］. 航空制造技术，2013（3）：67-70.

[38] 邹红，包竞生，陆津. 虚拟现实技术在油田生产建设中的应用［J］. 生产管理，2012（9）：81.

[39] 黄少华，张德文，李小帅. 虚拟现实技术在水利工程仿真中的应用［J］. 人民长江，2006（5）：36-39.

[40] 陈海波，郑健，等. 虚拟现实技术在电力系统中的典型应用［J］. 电网与清洁能源，2016（2）：20-25.

[41] 张文君，李永树，王卫红. 城市规划中虚拟现实景观设计及其应用展望［J］. 计算机工程与应用，2005（35）：186-188.

[42] 李苏旻. 虚拟现实技术在建筑与城市规划中的应用研究［D］. 长沙：长沙理工大学，2008.

[43] 蒋一，魏骏. 虚拟现实技术及其在军事领域中的应用［J］. 国外电子测量技术，2007（1）：43-45.

[44] 陶彬，王春，等. 基于虚拟现实技术的大型石油罐区重大事故应急响应系统的实现［J］. 中国应急管理，2012（8）：24-26.

[45] 刘永立，杨虎. 煤矿火灾应急救援演练虚拟现实系统研究［J］. 矿业安全与环保，2013（6）：22-25.

[46] 萧冰，王茜. 增强现实技术在儿童科普读物中的应用研究［J］. 科技与出版，2014（12）：108-111.

[47] 陈一民，李启明，等. 增强虚拟现实技术研究及其应用［J］. 上海大学学报（自然科学版）：2011（4）：412-428.

[48] 吴帆，张亮. 增强现实技术发展及应用综述［J］. 电脑知识与技术，2012（12）：8319-8325.

[49] 王聪. 增强现实与虚拟现实技术的区别和联系［J］. 信息技术与标准化，2013（5）：57-61.

[50] 钟慧娟，刘肖琳，吴晓莉. 增强现实系统及其关键技术研究［J］. 计算机仿真，2008（1）：252-255.

[51] 佚名. 网龙携手最强大脑，引领汉字逆天玩法［EB/OL］.（2017-3-16）［2017-07-25］. http：//fashion.ifeng.com/a/20170316/40197520_0.shtml.

[52] 佚名. 福建协和医院医生戴头盔做手术，患者秒变“透明人”［EB/OL].（2017-7-11）［2017-07-25］. http：//www.hxnews.com/news/fj/fz/201707/11/1254588.shtml.

[53] 毕盈盈. 混合现实技术在数字化产品展示设计中的应用［D］. 杭州：中国美术学院，2012.

[54] 陈宝权，秦学英. 混合现实中的虚实融合与人机智能交融［J］. 中国科学：信息科学，2016（12）：1737-1747.

[55] 黄进，韩冬奇，等. 混合现实中的人机交互综述［J］. 计算机辅助设计与图形学学报，2016（6）：869-880.